Human Learning

西方心理学名著译丛

人类的学习

【美】爱德华·桑代克 著　李维 译

北京大学出版社
PEKING UNIVERSITY PRESS

图书在版编目(CIP)数据

人类的学习/(美)爱德华·桑代克著;李维译. —北京:北京大学出版社,2010.11

(西方心理学名著译丛)

ISBN 978-7-301-17942-0

Ⅰ.人… Ⅱ.①爱…②李… Ⅲ.①动物心理学:实验心理学—研究 Ⅳ.①B843.2

中国版本图书馆 CIP 数据核字(2010)第 200645 号

书 名	人类的学习 RENWEI DE XUEXI
著作责任者	[美]爱德华·桑代克 著 李 维 译
丛书策划	周雁翎 陈 静
丛书主持	陈 静
责任编辑	陈 静
标准书号	ISBN 978-7-301-17942-0
出版发行	北京大学出版社
地 址	北京市海淀区成府路 205 号 100871
网 址	http://www.pup.cn 新浪微博:@北京大学出版社
微信公众号	科学与艺术之声(微信号:sartspku)
电子信箱	zyl@pup.pku.edu.cn
电 话	邮购部 010-62752015 发行部 010-62750672 编辑部 010-62767346
印 刷 者	北京虎彩文化传播有限公司
经 销 者	新华书店
	720 毫米×1020 毫米 16 开本 13.75 印张 140 千字 2010 年 11 月第 1 版 2020 年 6 月第 4 次印刷
定 价	45.00 元

未经许可,不得以任何方式复制或抄袭本书之部分或全部内容。
版权所有,侵权必究
举报电话:010-62752024 电子信箱:fd@pup.pku.edu.cn
图书如有印装质量问题,请与出版部联系,电话:010-62756370

中文版译序

爱德华·桑代克(Edward Lee Thorndike,1874—1949)系美国著名心理学家,动物心理实验的倡导者、联结主义心理学说的建立者,教育心理学体系的创始者。桑代克于1874年8月31日出生于美国马萨诸塞州的威廉斯堡。曾求读于威斯莱大学,1895年获该校文学士学位。他对心理学的兴趣始于1894年。临毕业前一年,他为有奖竞赛读了W.詹姆斯(W. James)的《心理学原理》(*Principles of Psychology*)。之后,他考入哈佛大学,成为詹姆斯的授业弟子,与后来成名的R. S.伍德沃斯(R. S. Woodworth)同学。在詹姆斯的支持下,桑代克开始了动物学习的心理实验。1897年获该校硕士学位。由于爱情的原因(当时他与女朋友的关系处于危机状态,尽管他最终还是娶了该女子),桑代克未曾在哈佛完成博士学位。不久,在J. M.卡特尔(J. M. Cattell)的帮助下,他带着两只受过训练的小鸡来到纽约,转入哥伦比亚大学师范学院继续学习。他在该校用猫和狗等动物做被试,进行动物心理实验。与此同时,创制了后来十分著名的"桑代克迷笼"。1898年,在卡特尔指导下,他以题为"动物的智慧:动物联结过程的实验研究"(Animal intellgence: An experimental study of the association process in animal)的论文获博士学位。1899年任该校讲师,1901年升为副教授,1903年

升任教授,直至1940年退休。在职期间,根据卡特尔的建议,桑代克把他的动物研究技术应用于人类学习、教育原理和心理测验等领域。退休后,他返回哈佛大学,续聘于詹姆斯讲席,以纪念40年前最早支持他进行动物实验的大师。1949年8月9日,桑代克谢世于纽约。

桑代克著作等身。1928—1929年间,他应邀在康奈尔大学开设了一系列讲座,在此基础上汇编成《人类的学习》(*Human Learning*)一书,正式出版于1929年。该书是其将动物心理实验技术运用于人类学习的最具代表性的著作之一。

一

在心理学史上,英国比较心理学家G. J. 罗马尼斯(G. J. Romanes)是动物心理研究的早期倡导者之一。自罗马尼斯之后,动物心理研究一直沿袭两种方法:收集资料的轶事法和解释资料的推论法。到了20世纪初,随着年轻一代心理学家介入动物心理研究,推论法被抛弃,轶事法为实验法所取代。其中,用实验法取代轶事法的信号之一,便是桑代克于1911年出版的《动物的智慧》(*Animal Intelligence*)一书。该书包括了他的博士论文《动物的智慧:动物联结过程的实验研究》。桑代克在该书引言中界定了动物心理学:"研究心理生活经由低等动物的发展,特别是追溯人类官能的起源。"轶事法难以胜任这样的要求,因为这种方法只关注动物的常见行为,而忽视其有规律性和比较性的典型行为。唯有完全控制动物的情境,观其在特定情况中的特定行为,方能借动物表现来推导人类的行为。至此,动物心理实验法正式提出。

桑代克运用各种技术来体现其动物心理实验法。其中,最为著名的一个研究是饿猫逃出迷笼的实验。桑代克设计了一个"桑代克迷笼",将饿猫关入笼中,笼外置鱼一条。饿猫须经三个分离的动作才能打开笼门。第一个动作是提起两个门闩;第二个动作是按压一块带有铰链的台板;第三个动作是把横于门口的板条拨至垂直位置。唯有将这三个动作一气呵成,笼门方能自动开启。桑代克将其观察记录如下:

> 放入迷笼之后,猫总是表现出明显不安,并想逃出迷笼。它试图从迷笼的栅栏空隙处钻出来;它抓、咬栅栏板条;从空隙处伸出爪子去抓每一件它够得到的东西;它乱抓笼内的东西。它挣扎的耐力是惊人的。它可以连续8分钟或10分钟抓、咬、钻、挤。在冲动式挣扎中抓遍整个笼子。它可能一下子抓到门闩或踩到台板或触及横条,结果使门打开。逐渐地,所有那些不成功的冲动都将被排除,而引导成功动作的特殊冲动由于导致快乐将被牢记。直到多次尝试以后,猫一入迷笼就会立即以一种确定的方式去触发机关。

诸如此类的实验,使桑代克把复杂的问题解决学习(譬如饿猫逃出迷笼的学习)还原为基本的刺激—反应型式,并提出学习的"尝试—错误"理论。试误学习意味着动物必须学会把一种或多种反应与一定的刺激型式联系起来。这里,与传统观点不同的是,动物的学习不在于掌握一种新的反应,而是从反应的储存库中"挑选"出与刺激相匹配的适当反应。选择适当的反应是渐

进的,通过逐步排除无效的反应,成功的反应得以保留,它便是适当的反应。

桑代克把一种适当反应与某种刺激型式联系起来的方式称作"联结"。由此推论,多种刺激与多种反应的联结便构成刺激—反应联结层次。每个刺激—反应的联结都可以赋予某种概率,表示刺激引发反应的可能性。例如,食物引起动物唾液分泌的概率将近1.00,而在动物形成条件反射之前,一种音叉发出的声音引起动物唾液分泌的概率几乎是0。所谓学习,就是提高刺激—反应的概率;所谓遗忘,就是降低刺激—反应的概率。

桑代克对动物心理研究的传统做法的抨击引起了许多动物心理学家的不满。当时,美国资深动物心理学家韦斯利·米尔兹(Wesley Mills)在《心理学评论》(*Psychological Review*)上发表《动物智慧的性质》(*The nature of animal intelligence*)一文,指责桑代克"拆除了比较心理学的几乎整座大厦"。米尔兹认为,动物只能在其自然环境里被适当地研究,而不能在实验室的人为条件下加以处理。"把猫置于只有20×15×12英寸的笼子里,然后期望它们去自然地行动。正如把一个活生生的人封入棺材,逆其意愿埋于地下,然后从其行为表现来推断正常的心理现象"。

上述诘难非但未能阻止桑代克的动物心理实验,反而促使他把动物研究中发现的一些现象用于解释人类的学习。理由是,我们可以把人类的学习心理当做行为来研究,最终达到控制这种行为的目的。"就研究一个人的性质而言,不存在合乎道德的正当理由,除非这种研究能使我们控制他的行为"。

二

桑代克根据其动物心理实验的发现,提出了有关人类学习的三条主要定律:效果律、练习律和准备律。

效果律是指,在对同一情境所作的若干反应中,那些对学习者来说伴有满足的反应,或者紧跟着满足的反应,在其他条件相等的情况下,就会愈加牢固地与这种情境相联结。所以,当该情况再度出现时,便更有可能产生这些反应。相反,失败降低了这种联结的强度。这里,满足意味着奖励,失败意味着惩罚。而且,奖励和惩罚越大,联结的改变也越大。后来,这一定律成为斯金纳(B. F. Skinner)操作性条件反射的基本定律,并为许多学习理论家以不同方式所接受。

练习律是指,对一种情况的任何反应,在其他条件相等的情况下,将随着该反应与情境联结次数的增多,以及联结的平均强度的增大和延续时间的延长而加强。这就是说,学习者对某一情境的反应,其联结于这一情境的强度,与联结于这一情境的次数成正比,并与这些联结的平均强度和平均持续时间成正比。后来,这一定律受到许多学习理论家的诘难。争议的焦点在于:练习次数的多寡是否能决定学习结果的优劣?

准备律是指,学习现象受制于学习者的生理机制。学习离不开神经元的突触活动,神经元的突触随练习而改变。这种改变并非由练习本身直接引发的,而是练习先引起神经系统化学的、电的,甚至原生质的变化,再由这些变化导致神经元活动的改变。据此定律,倘若一个神经传导单位准备作出如此这样的

传导,随之而来的也确是如此这样的传导,学习者就会产生满足感;倘若一个神经传导单位准备作出如此这样的传导,随之而来的却不是这样的传导,学习者就会产生烦恼感;倘若一个神经传导单位尚未准备传导,而在强制的条件下被迫去传导,学习者就会产生厌恶感。当然,鉴于当时的科学发展水平,桑代克关于神经元突触和传导的推论仅仅是一种假说。正因如此,他把准备律置于"权宜假说"的地位。

除了上述三个主要定律外,桑代克还提出过其他几种辅助定律,它们是:

1. 多重反应。当某种反应不能产生满足的结果时,它就会触发一个新的反应。动物和人类都一样,在此情况下,会连续作出反应,直到某一反应最终导致满足。迷笼中的饿猫会一一作出它的反应,直到其中一个反应打开门闩为止。学习者会作出多种尝试,直到其中一个探索正巧解决问题为止。这里,对动物和人类来说,改变反应的能力显然具有适应的意义。在迷笼实验中,第一次失败后就放弃反应的动物,最终会挨饿致死。在人类生活中,第一次失败后就放弃反应的人,永远品尝不到满足的甜果。

2. 心向或意向。在桑代克的理论体系里,这个概念类似于当代学习理论中的动机或驱力概念。饿猫会以挣扎为手段,以求逃出迷笼;吃饱的动物则可能十分安静,找个地方去睡觉。人类会因为无知而激起求知的欲望,会因为贫穷而考虑致富的方法。心向或意向对于反应的始发是十分重要的,同样也是学习的一个重要前提。

3. 选择反应。在学习过程中,动物和人类会逐渐对课题情境中的某些因素给予有选择的反应,并同时忽略其他一些因素。迷笼中的饿猫之所以随着尝试次数的增多,启门所需的时间越来越短,说明它在有选择地对某些刺激作出反应,而对有些刺激视而不见。人类在学习打乒乓球、网球,或学习滑冰时,会随着练习次数的增多,逐步排除一些无效的动作,只关注若干重要的技能要领。很明显,反应的选择性与分辨能力有关。不能进行分辨的动物将无法学会趋避,不能进行分辨的人也将寸步难行。

4. 类比反应。这是一种迁移原理。经过迷笼实验的猫,在被放入不同的其他迷笼后,会注意新情境中与原先情境相似的成分,并利用这些相似的成分,作出适当的反应。学会写毛笔字的学生,在学习写钢笔字时,会利用写毛笔字时的某些相似经验。桑代克在讨论类比原理时,曾假设过一种"相同要素说"。也就是说,如果两种学习情境之间具有共同要素,便会发生迁移。

5. 联想性转移。这是桑代克用来表示与条件反射相对应的术语。该术语的基本含义是,如果在替代性学习期间情境保持相对不变的话,则习得于一组刺激条件的反应也可习得于一组新的刺激。我们之所以能教会某些动物去表现一定的技巧,原因便在于此。假如一个孩子想教会一只狗在听到口令时安静地坐下来,他就会拿一块饼干去逗引狗,同时发出口令命其坐下来。经过若干次试验,即使孩子不给食物,狗一听到口令也会坐下来。

上述三条主要定律和五条辅助定律,构成了桑代克基本的学习理论。这些定律大多以他早期的动物心理实验为依

据,但略加修改后却用于人类的学习情境。不过,在《人类的学习》一书中,他对练习律和效果律进一步加以修正:废除了练习律中不适宜人类学习的一些假说,缩小了效果律的适用范围。

三

桑代克的动物心理实验及其学习理论与 J. B. 华生(J. B. Watson)的行为主义和 I. 巴甫洛夫(I. Pavlov)的条件反射学说有其相似之处,但桑代克对华生的有些基本观点是持反对意见的,并明确宣布他的研究并非与巴甫洛夫的实验同质。

与桑代克同时代的动物心理学家清楚地意识到,如果他们继续推断动物的学习过程,必然会遇到"心灵标准"的问题:哪些行为可被单独归于机械操作?哪些行为反映了心灵活动?当时,"心灵标准"被分为两个广义的类别:一是结构的标准,也即如果动物具有足够复杂的神经系统,可以说它们具有心灵;二是机能的标准,也即学习是心灵的标志,学习作为一种行为,反映着心灵的存在。华生便是以这两个类别为抨击依据,提出其行为主义的。他否认"心灵"的存在,认为存在的只是行为;一切心灵活动,包括学习,都是行为。于是,学习有没有心灵参与的问题,便成了当时争论的焦点。

动物心理学家 R. 耶基斯(R. Yerkes)提出心灵的三个水平,试图以此来平息行为主义与目的主义的争论。在最低水平,存在着"辨别"的心灵,其标志是,动物把一种刺激从另一种刺激中辨别出来;在中层水平,存在着"智慧"的心灵,其标志便是我们通常意义上的学习;在最高水平,存在着"理性"的心灵,其标志是引发行为,而非仅仅对环境的刺激作出反应。

华生用肌肉和腺体的活动来解释学习,否认内部心灵的存在。对此,桑代克明确指出:"过分热情的行为主义者除了强调肌肉和腺体的作用外,不允许人性有任何反应,这样做实际上是在赛马中下错了赌注。"在桑代克看来,虽然测量和记录外显的身体活动是毋须争议的,但是也应该承认,一种观念会引起另一种观念,其引发的强弱取决于上述三条主要定律和五条辅助定律的运用。他从生理和心理两个方面来论证内部反应。从生理上说,"千万个联想的神经元也在动作着,它们并不仅仅袖手旁观,或者可怜巴巴地从感觉神经元那里捕捉一些信息,然后将这些信息尽快地传递到运动神经元那里去。它们自身之间也在接收和传递信息"。从心理上说,"处于这些内部反应之间的是欢迎和拒绝的反应,强调和抑制的反应,分化和联系的反应,引导和协作其他反应的反应"。这说明,桑代克和华生在"内部心灵"是否存在的问题上存在分歧。

然而,问题在于,这样的内部心灵是以何种性质存在的? 它们的运作方式如何? 桑代克指出,在一名真正的联结主义者和一名真正的目的主义者之间不应该有任何争吵。双方都同样认为,个体的态度、顺应、倾向、兴趣和目的每时每刻都在与各种情境一起发生作用。如果会发生什么争吵的话,那么这种争吵将会集中在联结主义者对这些内部心灵的结构和发展的解释上。"任何一种特定的心理定向或心理态度或心理倾向是由什么东西构成的? 再广义一点说,一个人的兴趣和目的是由什么东西构成的? 更广义一点说,他的与外部情境合作的整个心理或自

我或倾向系统是什么？我的答案是，所有这些，归根结底是由联结所形成"。看来，桑代克所谓的内部心灵，虽非华生的肌肉和腺体，却也非心理学传统意义上的心灵，而是一种机械的联结。"我阅读了心理学家报道的事实，即关于顺应、结构、内驱力、整合、目的、紧张，以及诸如此类的东西，就所有这些事实影响思维过程或情感或活动而言，在我看来它们都可以还原为联结。学习就是联结。心理是人类的联结系统。目的就其本质而言，像其他东西一样，是机械的。"

关于巴甫洛夫的条件反射学说，桑代克认为，他的研究是以相属性为依据的，而非像巴甫洛夫那样以接近性为依据的。在巴甫洛夫经典性条件反射实验中，无条件刺激紧接着条件刺激而呈现，以此接近性，两种刺激多次结合呈现后，动物便能表现出较为复杂的学习形式。而桑代克的相属性原则，并非指学习有赖于接近性，而是指那些在空间上和时间上紧密相联的元素会在学习中被联结起来。例如，我们把"约翰是屠夫，哈里是木匠，吉姆是医生"这句话写在一张纸上，呈现给被试。如果以经典性条件反射来解释的话，则被试在"屠夫—哈里"上的联结就会比"屠夫—约翰"的联结更强。然而，很清楚，情形并非如此。约翰和屠夫因为句子结构的关系而"相属"，所以容易联结在一起，并且一起被回忆。

四

桑代克在历史上的地位是很难论定的。他并未创建行为主义，虽然他在动物心理研究中应用了行为主义。他致力于学习心理的研究,很快使他脱离了发展行为主义的学究式实验心理学的主流。正如心理学史家 T. H. 黎黑(T. H. Leahey)所说:"桑代克是一位实用的行为主义者,而不是一个彻底的行为主义者。"

作为一个实用的行为主义者,桑代克在学习和教育领域的主要成就是:① 在动物学习研究中,以严格控制的实验方法替代自然观察,首创应用实验法研究动物心理。巴甫洛夫曾经称赞桑代克:"现在我们必须承认,沿着这条路走出第一步的荣誉是属于桑代克的。他的实验先于我们的实验 2～3 年。"桑代克为动物心理的实验研究写下了新的篇章。② 揭示了动物形成各种联结的学习过程。桑代克依据对猫、狗、鸡、鱼等动物的研究,认为动物的学习就是在感觉神经与运动神经之间形成联结,也即在刺激和反应之间形成联结。这种联结具有特定的含义,专门用来表达反应与刺激型式的匹配性,而非联想主义心理学的观念之间的联结。联结能否形成,取决于"尝试与错误"的历程。③ 将"联结"概念推广到人类心理,形成联结主义学习理论的体系。他从进化论的观点出发,认为人是从动物进化而来的,人类心理与动物心理相比只是复杂程度不同,研究动物的学习有利于理解人类的学习。由此,他把动物研究中得出三条主要定律和五条辅助定律用于人类学习,并对效果律和练习律加以修正,以便更好地解释人类现象。④ 提出学习迁移的"相同要素说",认为只有当两种机能有了相同的要素时,一种机能的变化才能使另一种机能也有变化。例如,儿童掌握了加法可以增进乘法演算,因为加法和乘法的部分要素是相同的。⑤ 对人性和个体差异的论述。桑代克认为,人性是先天形成的刺激或情

境与反应间的联结。这些联结是教育的起点。他重视个体差异,提出上述这些学习定律在具体实施中应考虑个体差异,学校的工作是缩小差异并提供相应的职业指导。⑥ 开展对教学成果、智力测验及其处理方法的研究。桑代克继承卡特尔的心理测量学说,编制了标准化的教育成就测验、阅读量表、CAVD 测验(完成句子、数学、词汇、按指令操作)以及非文字量表等。成为当时心理测验运动的领导人之一。

然而,心理学界对桑代克不是没有批评。这种批评集中在两个方面:第一个方面是,桑代克是一个机械论者和遗传决定论者,他把动物学习的研究直接用来解释人类的学习,并在解释过程中又过于强调遗传对人类学习的影响。桑代克关于联结的假说、迁移的相同要素说、效果律的机械作用、练习律的死记硬背等等,在许多学习理论家看来,过于简化了人类学习过程的性质。第二个方面是,桑代克在承认又否认内部心灵的问题上处于自相矛盾的境地。他承认对同一种反应行为有多种刺激在作用。例如,当问被试"64 的立方根是多少"时,许多其他刺激也像该问题一样同时作用于被试。被试可以回答"4",但同时被试的许多行为(例如呼吸、琢磨等)也会出现。如果不求助于主观的、内部心灵的解释,我们又怎么知道何种刺激与何种反应相联结呢?桑代克能承认这种可能性是合理的、正确的,但他简单地把所有这些复杂的内部运作一概归入联结,致使他的联结理论具有很大的局限性。

李　维
2010 年 8 月

目　录

中文版译序 …………………………………………………（1）
第一讲　一种情境发生的频率的影响 ………………………（1）
第二讲　一种联结发生的频率的影响：相属原理 …………（14）
第三讲　一种联结的后效的影响 ……………………………（29）
第四讲　对一种联结后效的影响的解释 ……………………（46）
第五讲　一种联结后效的新的实验数据 ……………………（63）
第六讲　可认同性，可获得性，尝试和系统 ………………（82）
第七讲　关于心理联结的其他事实：
　　　　条件反射和学习 …………………………………（99）
第八讲　目的和学习：格式塔理论和学习 …………………（117）
第九讲　概念的学习 …………………………………………（131）
第十讲　思维的推理 …………………………………………（147）
第十一讲　一般学习的演化 …………………………………（164）
第十二讲　当今时代学习的演化：未来的可能性 …………（186）

第一讲

一种情境发生的频率的影响

看来,我为本校和梅森格讲师资格(Messenger Lectureship)赠与者所提供的最佳服务便是向你们呈现有关人类学习的性质和演化的某些事实和理论。这一课题具有内在的巨大兴趣。对人类而言,人类改变自身的力量,也就是人类的学习,大概是印象最为深刻的事情了。解释人类学习的现代理论将会有助于我们从总体上了解某些重要的心理学理论。这个课题与文明进化(evolution of civilization)问题紧密相关,也是梅森格讲师资格赠与者所规定了的。确实,文明是人类学习的主要产物。家庭和工具,语言和艺术,习俗和法律,科学和宗教,都是通过人类心理的变化而创造的。它们的维持和运用也有赖于人类的可变性(human modifiability)——人类学习的能力。如果人类的学习能力被减去一半,那么下一代便只能习得今天人类能够学习的那些东西的一半难度,大多数人类文明将不能为下一代所利用,而且很快从地球上消失。例如,在这所大学里所教的大多数东西(如果不是全部的话),就没有人能够习得。药房里库存

的药品会使我们中毒。轮船、火车和汽车,如果它们行驶的话,将会以玩具船和儿童火车那样的混乱状态来运作。

人类学习涉及人类本性和行为的变化。而人类本性的变化只有通过行为的变化来了解。我们在这里和后面所使用的"行为"(behavior)一词意指人类动物(human animal)所做的任何事情。它包括像运动(movements)一样的思维和情感,而不涉及这些东西的更深层的性质。我们根据对它们的发现来探究它们。

根据一个人面临的情境(situation)或状况,他对这些情境或状况所作的反应(responses),以及由千百万种情境导致或引起的反应所构成的联结(connection),我们可以方便地表述一个人的生活。人生的情境和反应显然不是任意的或偶然的。如果某种情境,让我们称之为 S_1,发生在某人的生活中,他不会相应地作出一个人可能作出的百万种(或百万种以上)反应中的任何一种反应。相反,S_1 通常具有十分明显的倾向,也即它引起某一特殊的反应,或者少数反应中的某一反应。"联结"这个术语专门用来表示某一特定情境引起某种反应而不是其他反应。因此,S_1 与 R_{27} 相联结意味着 S_1 倾向于引起 R_{27},或 R_{27} 随 S_1 而发生。这不属于情境和反应的任意的或偶然的安排。

当一个人生活和学习时,他对同一情境或状况的反应也随之变化。不管在何种场合,倘若提问"64 的立方根是多少",引起的反应将是沉默,或者"我不知道",或者问"这是什么意思",这个问题后来引起了即时反应"4"。于是,我们可以说 64 的立方根和 4 之间已经形成了联结。

这样一种联结可能以不同程度的强度(strength)存在着。写"repeat"这个词和写下 r-e-p-e-a-t 这 6 个字母的反应之间,联结可能十分有力,以至于一个人甚至在半睡眠状态下也能把这个词写下来;或者这种联结比较有力,以至于一个人在清醒状态下十次中有九次能把这个词写下来;或者这种联结软弱无力,以至于经常拼写成 r-e-p-e-t-e 或 r-e-p-p-e-e-t。

任何特定情境(例如 S_1)和任何特定反应(例如 R_{27})之间联结的强度是指 R_{27} 紧随着 S_1 而发生的可能性程度。因此,如果 S_1 是思维"9×7 等于几",而 R_{27} 是思维"63",那么,对于一名受过算术良好训练的人来说,这种联结是很强有力的。如果那种情境重复发生 1000 次,其中可能有 990 次会发生这种反应而其他反应发生的机会是极少见的,由此可以说 $S_1 \to R_{27}$ 的强度近似于 0.990(对那个人而言)。如果同样的情境发生在刚开始学习乘法 9×7 的孩童身上,那么这种联结便弱得多。其发生的概率也许只有 $\frac{1}{4}$,即 0.250。

学习,部分地说,是由 S→R 联结强度的变化所组成的,正如上面所讲的 $S_1 \to R_{27}$ 联结强度从 0.250 增至 0.990 那样。

学习也包含新反应的产生。例如,一个人在他储存的反应(譬如说 963728 种反应)中增加 10 种新的反应,即从 R_{963729} 到 R_{963738}。然而,这些新反应往往与某种东西相联结而发生。由于一种新反应的形成意味着某种情境与之相联结,因此,正如我们以后将看到的,它改变了对这种情境进行反应的可能性。无论我们把学习看做是获得一些反应并且改变这些反应与生活情境相联结的强度,还是仅仅把学习看成是后者,它都是一个容易理解的问题。把学习看做消除某些反应,或者从个人的反应库中除去某些反应,这同样是正确的。完全彻底地消除一种反应便是将它与一切情境的一切联结强度降低到零。

我们可以把任何情境看做某种无穷小的概率(infinitesimal probability),也即它极少有可能从一个特定个体身上引发大量反应中的任何反应,甚至极少有可能从该个体能做的一切反应中引发可以想象的反应。"9×7 等于几",可以使一个人想到的不是"63",而是"莎士比亚"(Shakespeare),或者"一瓶墨水",或者"70×7"。当我们说某种联结的强度为零时,我们通常并不是在真的强度为零和像千万分之一这种无穷小的概率之间作出区分,因为无此必要。

然而,学习是真实的——即使它改变一种联结的概率只有万分之一,如果以前的概率小于那个比例的话。此外,这些十分低下的强度有时却具有非凡的重要性。例如,让我们假设某种联结 $S_{693} \rightarrow R_{7281}$ 在 100 万人的每个人中具有万分之一的强度。对这些人中的每个人来说,如果 S_{693} 今天发生一次,那么有 100 个人可能会作出 R_{7281} 的反应。在 100 个人这样做和没有人这样做之间的差别可能引起许多凶杀案,或一场战争,或一项重大的发明,或某种杰出的慈善行为。同样,从强度 0.0001 中产生的 0.99 或 1.00 强度的学习,可能比从 0.0000 强度中产生的 0.99 或 1.00 强度学习更加容易得多。在前一种情形中,反应至少作为一种概率存在着。

1.00 强度的联结

看来,保证运作的联结实际上可能有着不同的强度。对于那些处于一般环境之下和目前状态的人们来说,这些联结都可能具有 1.00 的强度,但是其中一个联结可能十分有力,以至于强烈的兴奋或分心或一段时间的不实践都无法阻止一个人肯定对这一情境作出反应；而另外一个联结可能在一个人兴奋或睡眠或一年没有实践以后会变得不稳定起来。许多学习实际上是增加联结的强度，以便这些联结能抵抗干扰的条件或因失用（disuse）而引起的破坏性后果。

当一个联结强度从零或无穷小向上增加时，我们通常称之为"形成联结"（forming the connection）。当强度从某种实际强度向更大的强度增加时，我们通常称之为"增强联结"（strengthening the connection）。这里没有基本区别。

只有考虑到与联结平行的生理事件或条件（physiological event or condition），或者构成联结的生理事件或条件，联结一词的使用才会不带偏见。迄今为止，单就表示某个 R 将随着某个 S 而发生的概率，就可以用结合（bond）、连接（link）、关系（relation）、趋向（tendency），或任何没有情感色彩的术语来取代联结一词。

学习不仅由情境和反应之间联结强度的变化所构成，不仅由新反应的获得所构成，而且也由对情境和部分情境的可变的敏感度和注意力所构成。业已发现，那些变化的一般动力对联结的形成来说是同样的，对此没有更多的话需要说了。

迄今为止，我所提供的关于学习的解释是朴素和肤浅的。它可能很容易地受到下列批评：第一，在该情境中，还包含了多少有关那人周围的外部情形？"64 的立方根是多少"，或者"9×7 是多少"，无疑只是那人此时所受影响的一小部分。第二，那人此时所做的反应是他全部行为的多少？除了说"我不知道"或"4"以外，他还瞧着，呼吸着，并做其他许多事情。第三，实际上，由于全部情境和反应通常十分复杂，因此我们又如何知道 S 的

哪一部分激发了R的特定部分？第四，情境在何处停止而反应随即开始？

这些问题，以及其他一些更为微妙的问题、异议和限制条件都是合理的，在适当时间我们可以对它们进行研讨，但是我认为，对我们来说，目前就去考虑它们是无益的。情境、反应、联结和联结强度尽管朴素和肤浅，却都是很方便的术语，有助于我提出关于学习的某些事实。不考虑这些事实所提供的词汇，这些事实也是真实的和有价值的。让我们暂且推迟对我们所使用的术语予以严格的处理，直到我们为了理解事实本身而需要这种处理为止。

我们可以首先考虑的事实是在对这些问题进行调查后获得的：当一个人一次又一次地面临同样的情境时会发生什么？如果一个人能够遭遇同样的情境，譬如说1000次，同时使周围环境中的其他事件和他内部的每个事件除了重复该情境和变化1000次以外都保持不变，那会发生什么情况？这就是我们正希冀确定的影响，也即当其他一切因素都不变时重复一种情境所产生的影响。

例如，让我们考虑一下下述的实验：你坐在桌旁，面前放一本笔记簿和一支铅笔，闭起你的双眼并且说："用最快的动作画一条4寸的线。"于是，你便一次又一次地用快速动作画一条线，意欲把每条线都画成4寸长。你自始至终闭着双眼。你日复一日地这样操作，直到画了3000条线为止。可是，你却未见过这3000条线中的任何一条线。就这样，你对差不多同样的情境作出了反应——"以快速动作在同一本子和同样的位置上用同样的铅笔画一根4寸长的线"——3000次。

表 1 呈示了这种实验的结果。它表明了两个普通的真理或原理：(1) 多重反应(multiple response)或可变反应(variable reaction)的原理；(2) 重复情境未能导致学习的原理。

第一次试验的反应从 4.5 寸变化到 6.2 寸；第二次从 4.1 寸变化到 5.5 寸；第三次从 4.0 寸变化到 5.4 寸；其他各次均相似。在整个实验中，变化范围从 3.7 寸到 6.2 寸。对一种我们能够把握的几乎相同的情境，由一个我们能够控制的几乎相同条件的个人来作出反应，这种反应的多重性是一种规律。在另外一个实验中，一名被试反复遭遇这样的情境："拼读 e 的长音"，该任务是与拼读一系列由实验者发出的三个音节的无意义单词相伴随的，例如 kaca-eed'aud, weece'-ol-eet, kawl-awt-eez'。被试有时写出 e, 有时写出 ee, 有时写出 ie, 有时写出 ei, 有时写出 i。由于被试的大脑、神经和肌肉活动在不同的时刻有着细微的差异，结果导致对同一外部情境的反应的多重性或多样性。

表 1 被试 T 每次闭眼坐着画 4 寸长的线条时的反应分配

反应	1~12 次试验的频率											
	1	2	3	4	5	6	7	8	9	10	11	12
3.7									1			
3.8									2			
3.9												
4.0			3					3				
4.1		4	1			1	3			2		
4.2		6	8		1		3	6	1	2	1	
4.3		3	9	1			4	5	3		4	
4.4		13	12	6		3	4	12	2	4	3	
4.5	3	18	18	14	2	7	3	15	14	8	7	11

续表

反应	1~12次试验的频率											
	1	2	3	4	5	6	7	8	9	10	11	12
4.6		20	23	23	3	7	8	13	14	8	14	11
4.7	6	20	14	22	11	14	16	25	13	9	14	21
4.8	6	22	15	18	14	27	17	16	18	15	19	26
4.9	13	17	24	24	22	28	18	21	16	10	18	31
5.0	25	20	16	24	26	21	29	25	14	24	19	20
5.1	27	10	16	12	25	32	14	15	14	22	31	22
5.2	24	11	8	12	24	21	23	25	16	18	28	16
5.3	30	8	2	11	21	13	17	8	18	18	16	12
5.4	17	4	2	8	10	10	7	8	12	12	7	7
5.5	12	1		4	13	8	7	3	10	13	4	3
5.6	7			2	4	7	4	1	4	5	2	2
5.7	3			1	4	2	5	2	6	4	3	1
5.8					1			1		2		
5.9	1				1					1	2	
6.0										1		
6.1										1		
6.2	1						1					
合计	175	171	174	183	181	198	172	192	200	175	190	192
中位数	523	483	477	493	515	507	507	496	497	513	509	496
0*	.16	.22	.23	.22	.19	.19	.21	.24	.33	.24	.21	.20

0*是需要包括中间50%反应的一半范围。

即使将这一情境重复3000次也不会引起学习。把第11次和第12次试验时所画的线条与第一次和第二次试验时所画的线条相比较,未见有明显的改善或不同。表2呈示了逆向的实验结果,但是,如果你不了解这一点而被要求选择表示该学习过程的实验结果,你往往会像选择其他一样选择这个结果。任何一组心理学专家也会这样干的。

以往曾有许多人假设，单单重复一种情境便会导致学习。至于"如何学习"始终是一个谜。但是在一个声誉显赫的理论中，它已被解释为从低频率联结中减去强度的高频率联结的倾向。在我们的实验中，根据这一理论，"画 4 寸长人类学习的线条"的情境引起了长度为 5.0、5.1、5.2 和 5.3 寸线条的反应，这种联结在第一次试验中的出现频率为 106（与之相对照的是，其他所有反应的出现频率为 69），它将在第二次和以后各次试验中得到增强。

可是，这类情况在实验中并未发生。5.0、5.1、5.2 和 5.3 的反应并未在牺牲 4.5 或 5.7 的情况下得到增强。在拼读长音 e 和其他声音的实验中也未发生这类情况。例如，考虑一下发嘶声 s 的这些数字。通过单个 s 拼读的反应远比通过 c 或 ss 拼读的其他反应频率要高得多，其发生频率为我们实验开始时所有其他拼读合在一起的 12 倍。然而，随着情境的一再重复，它的频率就不再增加。单个 o 发 o 的长音，单个 a 像在 make 或 late 中那样发 a 的声音，也是同样情况。可是，导致这种反应的联结并未从导致其他反应的联结中排除强度。在该实验开始时，上述三者的强度与所有其他拼音合起来的强度之比为 4∶1；而到该实验结束时，强度仍然是 4∶1。①

表 2　表 1 中逆向的反应分配

	1～12 次试验的频率											
反应	1	2	3	4	5	6	7	8	9	10	11	12
3.7				1								
3.8					2								

---

① 2094∶516 和 2080∶530。

续表

				1~12次试验的频率								
反应	1	2	3	4	5	6	7	8	9	10	11	12
3.9												
4.0				3						3		
4.1	2			3	1				1	4		
4.2	1	2	1	6	3		1			8	4	
4.3	4			3	5	4			1	9	3	
4.4	3	4	2	12	4	3			6	12	13	
4.5	11	7	8	14	15	3	7	2	14	18	18	3
4.6	11	14	8	14	13	8	7	3	23	23	20	
4.7	21	14	9	13	25	16	14	11	22	14	20	6
4.8	26	19	15	18	16	17	27	14	18	15	22	6
4.9	30	18	10	16	21	18	28	22	24	24	17	13
5.0	20	19	24	14	25	29	21	26	24	16	20	25
5.1	22	31	22	14	15	14	32	25	12	16	10	27
5.2	16	28	18	16	25	23	21	24	12	8	11	24
5.3	12	16	18	18	8	17	13	21	11	2	8	30
5.4	7	7	12	12	8	7	10	10	8	2	4	17
5.5	3	4	13	10	8	7	8	13	4		1	12
5.6	2	2	5	4	1	4	7	4	2		7	
5.7	1	3	4	6	2	5	2	4	1			3
5.8			2		1			1				
5.9		2	1					1				1
6.0												
6.1				1								
6.2						1						1
合计	192	190	175	200	192	172	198	181	183	174	171	175
中位数	496	509	513	497	496	507	507	515	493	477	483	523
Q	.20	.21	.24	.33	.24	.21	.19	.19	.22	.23	.22	.16

当然,人们将会认识到,重复一种情境通常会产生学习,因为我们对由这一情境引起的联结给予奖励而对其他联结则给予

惩罚。这种奖惩方式是将它们作出的反应分别称之为正确或错误，或者用其他方式如赞成或反对。如果在画线条的实验中，第二次和以后各次的试验期间，每次用铅笔画线条后我都睁开眼睛，并对线条加以测量，对其正确性感到满意，那么，导致3.8、3.9、4.0和4.2长度的联结将会更频繁地出现，直到我达到技巧的极限为止。如果实验是学习拼读单词，被试在每次反应后都被告知他的反应是否正确，那么，导致正确反应的那些联结，不论实验开始时出现的频率高低，将会得到增强。我们的问题是，仅仅重复一种情境本身是否会导致学习，特别是高频率的联结是否因为它们频率更高而会在牺牲低频率的联结的情况下增加其强度。我们的答案是否定的。

　　由于这是个根本性的问题，因此我设法对我们的否定回答予以检查。我增加了被试人数，运用了各种实验，在这些实验中，高频率的联结有机会从低频率的联结中排除强度。我将报告其中的一个实验，在这个实验中，为最初的频率提供了这样的机会，而对其结果的满意和烦恼也有机会表现出来。为被试准备一长串单词的起始部分（如 ab、ac、ad、af、ba、bc、bi、bo 等等），然后要求被试在这些起始部分后面分别加上一个或一个以上的字母，以便构成一个单词。他们每天要做 240 次填充单词的作业，连续 14 天。在实验过程中，某些单词的起始部分发生了 28 次之多，因此我们就对每名被试在每种情境里的表现作了记录，就像表 3 中所示被试 C 完成 el 填充单词那样。

　　在这一情形里存在着学习。被试 C 在填充 el 到 elf 的过程中显然已经改变了书写 f 的方向，但决非通过增加开始时的频率和降低开始时的频率这种方式，而是增加了短的（字母少的）

填充和降低了长的(字母多的)填充。因为填充 f 要比填充 evate 或 ephant 更容易,而且更快。① 被试 C 的 el 记录是颇为典型的。单个字母的反应得到增强,而不管它们在开始时的出现频率如何。当使用的字母数恒定不变时,开始时频率较高的反应未能得到进一步增强。

表3　被试 C 在填充 el 中的反应

最初 8 次		最后 8 次
evate		f
ephant		f
ephant	(12 次中间反应在这里未加以报道)	f
evate		f
ephant		f
ephant		f
ephant		f
f		f

关于其他实验的细节我们无须加以讨论了,因为它们的一般结果与迄今为止我们所描述的例子是一致的。就我现在能够了解到的而言,重复一种情境本身是没有选择力(selective power)的。如果某种情境作用于一个人达 1 万次,就 1 万次重复所涉及的任何一种内部活动(intrinsic action)而言,这个人在最后 1000 次所做的反应和最初 1000 次所做的反应是一样的。由此可见,情境的重复在改变一个人方面所起作用很小,就像通过一根电线重复一篇电文对电线的改变很小一样。就这种重复本身而言,它对这个人的教益就像电文对电报交换机的教益一样少。

---

① 实验时并未要求被试加快速度,但对 240 个单词的时间作了记录,如果填充时间缩短的话,自然是件值得骄傲的事情。

尤其是，高频率的联结并不由于其高频率而被选择。

这些发现的两个结果可以简单地记下。借排除(drainage)来表达的一切心理学抑制理论(theories of inhibition)比以往更值得怀疑，原因在于我们的实验对这类排除的偏爱例证提出了否定的结果。所有这些将价值依附于经验或活动的教育信条，由于不考虑经验或活动的方向及其结果，比以往更难为人们所接受。在面临生活情境和对生活情境作出反应的意义上，如果这样一种经验的数千次重复作用极小，则它几乎不能成为或有利或有害的重要动因。

第 二 讲

一种联结发生的频率的影响：相属原理

在前面一讲中,我们讨论了一个人在反复遭遇同一种情境(situation)时心理上产生的变化。今天,我们将讨论同一种联结(connection)的反复运作(operating)给一个人心理上带来的变化。

在通常的学习实验中,被试知道他要学习的东西。他对趋向学习的进步最终是满意的。因此,若要单独获得重复潜力(potency of repetition)的任何测量是困难的。例如,在记忆一系列对子(pairs)时,被试在听到或看到对子以后,即便在心理上将材料保持1秒钟左右也比不去记它要感到满意。如果他在听到对子的第一个数字后期望第二个数字,那么当他的期望反应被证明正确时,他就会感到特别满意。所以,在通常的实验中,"重复的次数"(number of repetitions)部分地意味着"满意的或烦恼的后效(after-effects)进行运作的机会数(number of opportunities)"。

我们谋求在不受联结结果影响下获得重复活动的近似数，也即采用不同的形式来呈示联结的对子，以某些方式对被试进行指导，并对我们继后测试的学习予以隐蔽或伪装。

为了获得这种结果，在我们的实验中，最常运用的方案是呈示一长串对子（从 500 对到 4000 对），在这一系列对子中，有些对子经常重现，告诫被试轻松地聆听，而不要去想和记听到的东西，只要去体验所提供的东西。第二个方案是让被试抄写对子，或者根据听写记下对子。该实验被描述成获得疲劳数据（data on fatigue）的一种手段，或者是获得有关速度和正确性，以及有关疏漏等数据的一种手段。

例如，假如我读给你听一系列名字和数字，我一边读，你一边把与每个名字相关联的数字写下来：Amogio（阿莫吉奥）29，Barona（巴鲁那）72，Delose（德劳斯）68，Barona（巴鲁那）72，Delfonso（德方索）18，Palesand（帕尔桑德）51，Amogio（阿莫吉奥）29，Nanger（南格）79，Raskin（拉斯金）60，Geno（根诺）15，Barona（巴鲁那）72，Palesand（帕尔桑德）51。我一共读了 90 个不同的名字，每个名字后面有一个从 10 到 99 的不同数字，其中，Amogio 29，Barona 72 和其他一些对子，每个对子发生的次数为 100 次；Delose 68，Delfonso 18 和其他一些对子，每个对子发生的次数为 50 次；而 Palesand 51，Nanger 79 和其他一些对子，每个对子发生的次数为 25 次；有些对子的发生次数只有 6 次或 3 次。

这样一来，听到某个名字和写下某个数字之间的联结在你心中已经重复了若干次数。如果到实验结束时，你听到一些名字，然后在每个名字后面写下首先想起来的二位数，那么你写下

的数字将部分地有赖于这些联结的重复。你在听到 Amogio 后将想到 29,听到 Barona 后将想到 72,比起没有读过的一系列名字,你将更有可能这样去想。"听到 Barona→想起 72"这种联结的强度已经从接近零度改变到某种实际的度数。那么,这种特殊的变化是如何得到的呢?一般说来,一种情境和一种反应之间的联结的反复活动对那个联结做了些什么呢?

我们最好先来纠正一下我们陈述中的一些模棱两可的东西。我们已经把"联结"这个词用于两种不同的意思,其中一种意思是异常的含糊。当我们说"讲了 Barona→想起 72"这个联结的强度已经从接近于零提高到实际的强度时,我们清楚地把"联结"这个词用做这样一种名称,即伴随着某个情境而非常迅速地发生的某个反应的概率(probability);例如,讲了 Barona 这个词以后想起 72 的概率。但是,当我们说我们将讨论由重复操作同一个联结而产生的变化时,"一个联结的操作"(operating of a connection)可能仅仅是指两个事物的序列(sequence)。这种序列可以是两个事物具有一种意义(sense)的序列,即第二个事物相属于第一个事物,也可以是这样一种序列,即加上相关意义(sense of relatedness)或相属(belonging),并加上由遭遇第一种要素(element)的人积极产生的第二种要素,或者其他更为复杂的事件(events)。一个联结的操作,联结中发生的事件,36 与 4×9 联结 10 次,以及在心理学讨论中常见的其他一些类似的特殊表述,涉及各种联结,或者在心中把事物合在一起以形成或增强一种联结。从概率的严格意义上说,也就是一个东西后面紧跟着另一个东西。

让我们考虑一下这些不同类别的联结中每一种重复联结的

潜力,我们从同一心理活动中序列意义上的联结开始。

如果一个人单是重复地体验相继出现的 A 和 B,而并未意识到 B 紧随 A 是正确的和合适的,或者甚至 B 属于 A,那么对这个人的影响就极小。实际上,你们经常在系好鞋带后才将身体挺直,于是便产生了这样的感觉,即系好鞋带与挺直身体构成一个序列。你们从事这样的动作可能已达到 1 万～4 万次了(这要依据你们的相应年龄和喜欢更换鞋子的频繁程度),但是,这种系鞋带的体验也许不会在你们的心中唤起任何挺直身子的感觉(sensation)、意象(image)或观念(idea)。缺乏符合(fitness)或相属的序列几乎不起作用。

由于任何一种类别的重复联结很少注意到个体身上正在进行的事件,因此,实验上难以确定它的作用究竟有多少。单单考虑暂时的接近(temporal contiguity)而不意识到作为适当或正确的序列的相属性或接受性,通常意味着对问题中的序列不加注意或注意程度很低。我们需要测试的仅仅是暂时的接近,并予以充分的或至少是平均的注意。

刚才进行的小实验代表了这方面的一种努力,现在我们可以报告其结果了。由于实验的一般条件清楚地告诉你们,第一个问题的正确答案是 10 个句子中开头的第一个名字中的一个,这些名字是阿尔弗雷德(Aifred)、爱德华(Edward)、弗朗西斯(Francis)、巴尼(Barney)、林肯(Lincoln)、杰克逊(Jackson)、夏洛特(Charlotte)、玛丽(Mary)、诺曼(Norman)和爱丽丝(Alice);也告诉你们第二个问题的正确答案是姓氏中间的一个,这些姓氏是杜克(Duke)、戴维斯(Davis)、布拉格(Bragg)、克罗夫特(Croft)、布莱克(Blake)、克莱格(Craig)、迪安(Dean)、鲍拉

(Borah)、福斯特(Foster)和汉森(Hanson),因此单靠机遇(chance),对每个问题来说,10个答案中应该有一个正确答案。序列"极少→弗朗西斯,高兴→杰克逊和单调→诺曼"的重复次数和"林肯→布莱克或玛丽→鲍拉"的重复次数是一样的。小实验如下:

将下列句子朗读10遍,要求听者仔细地听,以便他们能够说他们听到了每个词。

阿尔弗雷德·杜克和他的妹妹辛劳地工作。
爱德华·戴维斯和他的兄弟极少争辩。
弗朗西斯·布拉格和他的堂兄拼命玩耍。
巴尼·克罗夫特和他的爸爸热切地注视。
林肯·布莱克和他的叔叔高兴地倾听。
杰克逊·克莱格和他的儿子经常争吵。
夏洛特·迪安和她的朋友轻松地学习。
玛丽·鲍拉和她的伙伴单调地抱怨。
诺曼·福斯特和他的妈妈买了许多东西。
爱丽丝·汉森和她的教师昨天来了。

第10次朗读结束时,要求听者对下述8个问题写出答案,每题5秒钟:

1. 在"极少"后面跟着哪个词?
2. 在"林肯"后面跟着哪个词?
3. 在"高兴"后面跟着哪个词?
4. 在"单调"后面跟着哪个词?

5. 在"玛丽"后面跟着哪个词？
6. 在"热切"后面跟着哪个词？
7. 在"诺曼·福斯特和他的妈妈"后面跟着哪个词？
8. 在"和他儿子经常争吵"后面跟着哪个词？

在一个类似的但更加细致的实验中,将一系列句子重复10次,从一句句子的开头,其序列的正确率为2.75%；在同一句子中,从第一个词到第二个词,其序列的正确率为21.5%。"和他的儿子经常争吵"后面跟着哪个词的回答正确率为2%；"诺曼·福斯特和他的妈妈"后面跟着哪个词的回答正确率为81%。①

把下述"相属A"标题下列举的一系列句子向200名大学生宣读,共读6遍。告诉这些听者："请仔细听取我所朗读的内容,以便你们可以说已经听清并听懂其内容。"一旦这些句子读完6遍以后,便要求被试对后面列举的一些问题作出书面回答,这些问题是以每10秒钟一题的速度宣读的。

相属 A 的句子

阿尔弗雷德·杜克和朗纳德·巴纳德　工作　辛劳地。
爱德华·杜克和朗纳德·福斯特　工作　轻松地。
弗朗西斯·杜克和朗纳德·汉森　工作　在这里。
巴尼·杜克和朗纳德·库蒂斯　工作　今天。

林肯·戴维斯和斯宾塞·拉姆森　争辩　极少。

---

① 在本篇演讲开始时所做的实验结果与这些数据十分相似。

杰克逊·戴维斯和斯宾塞·伊文斯　争辩　单独。
夏洛特·戴维斯和斯宾塞·兰蒂斯　争辩　昨天。
玛丽·戴维斯和斯宾塞·拉姆森　争辩　木讷地。

诺曼·布拉格和杜鲁门·阿斯托　游戏　拼命地。
爱丽丝·布拉格和杜鲁门·邓尼斯　游戏　温和地。
丹尼尔·布拉格和杜鲁门·马森　游戏　在那里。
贾内特·布拉格和杜鲁门·纳皮埃　游戏　分别地。

玛莎·克罗夫特和罗斯科·本特利　注视　热切地。
诺拉·克罗夫特和罗斯科·亨特　注视　欢快地。
安德鲁·克罗夫特和罗斯科·波德森　注视　密切地。
艾伦·克罗夫特和罗斯科·科内特　注视　迟滞地。

肯尼斯·布莱克和托马斯·罗林斯　聆听　高兴地。
奥维尔·布莱克和托马斯·杜伦特　聆听　到处。
阿瑟·布莱克和托马斯·罗普　聆听　那时。
亨利·布莱克和托马斯·尼科尔　聆听　长时。

马克斯威尔·克莱格和理查德·艾伦　争吵　经常。
大卫·克莱格和理查德·富兰克林　争吵　大声。
罗拉·克莱格和理查德·特拉维斯　争吵　总是。
帕特里克·克莱格和理查德·克斯特　争吵　迅速。

伯特兰姆·迪安和文森特·艾利斯　学习　轻松地。

诺利斯·迪安和文森特·戈尔登　学习　狂热地。
霍拉斯·迪安和文森特·威尔德　学习　很少。
刘易斯·迪安和文森特·萨克特　学习　容易地。

彼得·鲍拉和莎拉·艾尔登　抱怨　阴郁地。
埃德加·鲍拉和莎拉·霍根　抱怨　从不。
拉契尔·鲍拉和莎拉·莫利斯　抱怨　现在。
伦道尔夫·鲍拉和莎拉·比肖普　抱怨　一起。

1．"极少"后面是哪个词？
2．"密切"后面是哪个词？
3．"大声"后面是哪个词？
4．"狂热"后面是哪个词？
5．"布莱克和"后面是哪个词？
6．"鲍拉和"后面是哪个词？
7．"布拉格和"后面是哪个词？
8．"克莱格和"后面是哪个词？
9．"阿尔弗雷德"后面是哪个词？
10．"伯特兰姆"后面是哪个词？
11．"肯尼斯"后面是哪个词？
12．"林肯"后面是哪个词？
13．"阿斯托"后面是哪个词？
14．"艾伦"后面是哪个词？
15．"艾尔登"后面是哪个词？
16．"巴纳德"后面是哪个词？

17. "理查德"后面是哪个词？
18. "朗纳德"后面是哪个词？
19. "罗斯科"后面是哪个词？
20. "莎拉"后面是哪个词？
21. "争辩"后面是哪个词？
22. "抱怨"后面是哪个词？
23. "聆听"后面是哪个词？
24. "游戏"后面是哪个词？

问题1~4是测试一个句子末尾和下一个句子开头之间联结的强度。每个句子的出现率为6(共读6遍)，但相属关系很少——因为只有极少数人认为这一系列句子可以作为整体来加以记忆。在作出800个正确反应的可能性中(听者为200名大学生，每组4个句子)，只有5个正确反应，或0.6%。这一百分比的原因可能是胡乱猜测所致。

问题21~24是测试同一句子中从动词到副词的联结强度。每个动词后面出现4个副词中的1个，共6次。这两个词紧密地相属。在总共3200个正确反应的可能性中(如果每名被试为每个问题写出4个答案)，其正确率为265，或8.3%。根据记住的副词进行猜测，将只提供80个正确反应，加减少量的机遇变数，即使每名被试写出16个词也是如此。事实上，极少有被试写出的答案超过那个数目的半数，因此30这个数目已经是慷慨的限额了。

问题5~8和问题9~12提供了多相属关系和少相属关系之间较少极端化的对照。在问题5~8中，4个联结中每一个联结共出现24次，但是其相属关系的程度仅仅由于同一句子中包括两个名字。

然而,在问题9~12中,每个联结只出现6次,但是相属关系却是同一句子中同一人的名和姓。

问题5~8的正确反应数为55,而问题9~12的正确反应数为94。后者的重复率虽然只有前者的1/4,但是更大的相属性导致更强的强度,从而使产生的正确反应是后者为前者的2倍。在上述两种比较中,测验系列中的位置(position)促进了较少相属关系的联结。

相属关系的原则有着巨大的重要性。它被研究学习的学者们所忽视,也许因为我们认为它是理所当然的。

一个更为结论性的实验可以这样来安排:让一长列单词对子后面跟着数字,正如前面描述的那样,安排的方式是某些数字后面紧跟着某些单词。我们向被试宣称:"我将向你宣读一长列单词和数字的对子,例如面包29,墙壁16,得克萨斯78。我一边读你一边听。你的注意力应像平时在班级里上课一样。但要保证听清我读的每个对子。"这一系列包括1304个对子,在其他对子中,4个对子(残渣91,字谜17,秋千62和羚羊35)每一个出现24次,于是作如下安排:

残渣总是在42以后出现,
字谜总是在86以后出现,
秋千总是在94以后出现,
羚羊总是在97以后出现。

在宣读了一系列的句子以后,要求被试写出哪些数字恰巧跟在某些单词后面,而哪些单词恰巧跟在某些数字(也就是说

42、86、94、97)后面。

在对子中,对紧随单词后面的数字,正确反应的平均百分率为37.5%(中位数38)。这些对子分散在系列中,每一个出现的次数为18次或21次。对紧随数字(每一个出现的次数为24次)后面的单词,正确反应的平均百分率为0.5%,这与偶然性的猜测差不了许多。

指导语的性质,宣读对子的方式,以及一般的生活习惯,使被试认为每个单词与它后面跟着的数字相属,而每个数字则与它前面的单词相属。在这个实验中,一个数字与其后面跟着的单词的暂时接近,仅仅是序列关系而不是相属关系,与联结毫无关系。

持反对意见的人可能认为,对于"单词→数字"联结的注意力阻碍或抵消了从数字到序列单词由于纯粹暂时的接近而被强化的联结的真正倾向。但是,看来这并不真实。至少,任何一种这样的倾向是很微小的。这是因为,如果我们减少对该系列的注意,从而排除这种所谓的阻碍,那么我们仍将得到和以前同样的结果。如果我们不去鼓励被试对该系列持注意的和认真的态度,而是对他们说,"除了保持清醒的意识,并听到每个单词和数字以外,别付出更大的注意",那么在第二批100名被试中,对"数字→紧随其后的单词"的对子的正确反应,其百分率仍然和机遇情况下获得的百分率差不多。

对于下述的普遍证据,即心中的序列仅仅是非常微弱和完全无力的,现在有一种奇怪的和可能是重要的例外。这种可能的例外便是所谓的条件反射(conditioning of reflexes),它是由巴甫洛夫(I. Pavlov)首先报道的,并由他的学生和其他学者精心研究。一只狗的唾液腺的分泌活动,与铃声或圆盘的转动或黑色方块的呈现形成强固的联结。铃声、圆盘和黑色方块均反复出现在分泌活动之前,或与分泌活动交叉,尽管这只狗对分泌活动与该情境的关系并不感到符合或相属,而且狗并不产生或控制这种活动,或对该活动加以注意,甚至知道分泌正在发生。

巴甫洛夫、别列托夫(Beritoff)、克拉斯诺高尔斯基(Krasnogorski)、安雷普(Anrep)以及他们的追随者的研究工作,我们将在后面予以特别的注意。他们的所谓学习在有些方面看来与其他学习并不相似。目前,我们可以把这种理论视作与下述普遍证据相矛盾的一种说法,那个普遍的证据认为,两个事件在心中的暂时接近几乎没有力量在两者之间形成一种联结。

当一名心理学家谈到联合或联结两件事物时,他通常假设一种相属特征(feature of belonging)。甚至在像 Barona→72 这种名字和数字的学习对子的十分任意的任务中,学习者也把 Barona 和 72 看做是相属的,而且确实形成了一种"正确的"或可以接受的序列,至少在这个实验中是如此。

接着的重要特征是,这个人将对子的第二成员(second member)加以联结,借此作出反应。心理学家普遍认为,如果 A 和 B 是被我们相继听到的两个单词,而 A_1 和 B_1 是被我们听到的两个单词,其中第二个单词被我们用相继形式写出,那么后者更为有效。一种情境和对这种情境作出积极的反应,不同于我们消极地体验两个事件。在实际的教育学(pedagogy)中,这种区别肯定是很重要的,因为它导致由相属感(sense of belongingness)相伴随的重复,由兴趣和注意相伴随的重复,由探索和纠正错误与弱点相伴随的重复,以及由减少过度学习(overle-

arning)的浪费相伴随的重复。在学习的基础心理学或生理学中,它就显得不那么重要,需要用更加确切的术语加以表述。像积极的(active)和消极的(passive)这类词语几乎没有什么用处,有效的基本比较并不在体验和反应之间。我们在两种情形中作出反应。在所谓的消极体验(passive experiencing)中,真正发生的事情是:情境是外部事件,而我们的反应则是由此引起的知觉。相继听到两个单词构成了两个情境—反应(situation-response)的对子,声波→听到单词 A,第二组声波→听到单词 B。

在听到两个单词,而我们自己写出第二个单词这一所谓的积极反应(active responding)中,发生的情况像以前一样,不过加上了第三个情境——反应的对子,也即听到单词 A_1→写出单词 B_1。如果在听到 A 和 B 与听到 A 并从记忆中回忆 B 之间进行比较,那么这两个事件实际上如下:第一个事件构成两个情境—反应对子,像前述一样(声波→听到 A,第二组声波→听到 B)。第二个事件则是听到 A→从记忆中唤起 B 取代了对子的第二成员。通过消极体验来学习,意味着在这样的情形里由于两个知觉反应的暂时接近而将两个单词联结起来。

那么,一个反应对其情境的暂时接近比之两个毗邻反应的暂时接近究竟有什么固有的优点呢?如果相属性、可接受性和注意力都存在并相同的话,我们现在便毋须询问了。有两种类别联结其中一者或另一者,它们通常意味着我们通过一个联结的频率、实施(exercise)或重复来谈论学习。

上述两种类别中任何一种类别的重复联结都能产生学习,尽管相当缓慢。去年,我准备了大约 4000 个对子的系列,像面包 27、门 16、前进 98,其中有些对子出现 48 次,其他对子出现

24次,如此等等。我选择对子,然后一对接一对地写下整个系列;一星期后,我在一个实验中将整个系列的3/4读给一组被试听。此外,我用该系列中出现48次的3个对子和出现24次的10个对子进行自我测验。我对前者的每一个对子仔细考虑至少85次,对后者的每个对子至少考虑43次。我在前面3个对子中答对1个,后面10个对子中答对3个。在速记员将整个对子表抄好以后大约10分钟,我要求她写出跟在某些单词后面的任何数字。这些单词已经写在给她的一张纸上了。结果,在出现48次的那3个对子中她没有写对1个,在出现24次的10个对子中也只写对3个。在我自己的情形中,记录却是不适当地提高了,原因在于阅读这一系列时,每当我看到一个单词但尚未看到后面的数字时,便猜测这个单词后面的数字是什么。当我猜对时,由此产生的满足有助于强化这种联结。偶尔,我还在阅读对子以后,在心中默默地重复该对子。另一方面,在这个实验中,85次或48次或24次重复可能由于这些插入的对子的干扰而变弱了。如果在间隔期间获得充分休息或较少干扰性的活动,那么学习也许会快一些。但即使这样,学习仍是缓慢的。

另一名被试(她是一位有才能的研究生,一般说来是一个学习的快手),用打字机打了1208个对子系列,其中有些对子出现的次数从3次到21次不等。她这样做完全是出于工作需要,丝毫没有接受测验的味道。在2小时后对她进行的测验中,她的正确率是12.5%,这是把一些出现15次、18次和21次的对子合起来加以统计的。如果单凭机遇,她的正确率仅为1.1%。

我们已经或多或少地复制了这些自然的实验,其方法是用关于疲劳或疏漏的实验伪装把学习掩蔽起来。我们还进行了这

样的实验,即对被试的指导语是强调不要去考虑那些对子。由此获得的大量结果充分证明了我们的陈述:一种联结的重复加上相属关系会导致学习,但是这种学习是缓慢的。我将引述其中一个例子。让 14 名成人每人听写 3586 个五位数的数字,这些数字作为一种疲劳实验以"21897、43216"的形式向被试口述。被试中没有人作出任何努力去记住任何数字。一旦整个系列听写完毕,就给被试一些纸张,上面印着许多读过的数字,但删去了最后二位数字。要求被试根据记忆填补这二位数字,以便使纸上的三位数仍变为五位数;如果被试记不住听写过的数字,他们可以写下心里想起的任何二位数字。在听写过的系列中,凡是出现过 30 次、36 次、42 次或 48 次的那些数字,填充上去的数字正确率为 5％、5％、3％和 10％,而在机遇的情况下预期的正确率为 1.24％。

在两件事物仅仅构成序列的意义上,联结的重复力量微乎其微,因此难以构成学习的原因。相属性是必要的。甚至当补充了相属性和可接受性以后,它仍然软弱无力,看来需要某种东西来帮助它构成学习的原因。那么,应该加上什么东西呢,这便是我们下次讨论的问题。

第 三 讲

一种联结的后效的影响

我们已经看到,重复一种序列(sequence),只要其中第一部分和第二部分被看做是彼此相属的(belonging together),便能强化从第一部分到第二部分的联结,尽管这样做速度甚慢。学习的许多方面看来涉及比仅仅重复相关的序列更多的东西。明显的例子是,那些对早期发生的一种情境(situation)作出的反复反应,最后却为一种在初期并不经常发生的反应所取代。

让我们来考虑一下下述的实验:要求一名被试填充字母以完成下表所示的160个单词。他将在每个句点上填写一个字母。

bet...	f..e	aw.y	p.nt
b..e	dig....	me..	re..
c..ss	fl..	t.m.st	r..d
d..n	ju..	min.s	s.op

```
fa...        h..        r v...        wi . e
```

被试每天这样填充,直到他把这组单词表写了16~24遍,其中包括填充 b.at 这个单词也是16~24遍。8名被试填充了第一批16个系列的单词表,其记录结果如表4所示。

表 4

被试	为填充 b.at 在16次序列尝试中书写的字母					
1	oo	oo	o e o o	o o o o	oe	el
2	le	le	l l l l	l l l l	ll	ll
3	ro	oo	o o l o	e o e o	oe	oe
4	oo	no	o e o o	r r l l	ll	ll
5	oo	oo	r r o r	o l l r	oo	or
6	oo	oo	o o l —	l r — o	ll	ll
7	rr	eo	r r r r	o r o r	or	rr
8	er	ee	e l l l	l l l l	ll	ll

最初16次尝试中 o 出现9次　　　最后16次尝试中 o 出现2次

被试面临的情境是,填充一个字母使 b.at 构成单词,在8名被试开头2次的尝试共16次尝试中,填充字母 o 的总共有9次,而在最后16次尝试中,填充字母 o 的反应仅有2次,可是填充 l 却高达9次。正如你们一定会猜想的那样,填充 o 和 l 的结果是大相径庭的。根据这个特殊的学习实验规则,除了填充 l 以外,填充任何别的字母作为 b 的一个序列都是错的。因此,当被试填充 l 以后,主试便宣布"正确"以资鼓励。可是,当被试填充 o 时,主试便宣布"错误"以示"惩罚"。这是可以在实验室或生活中观察到的许多情形中的一个例子。在那里频率(frequency)参与了联结和丧失的竞争。

同样重要和说明问题的是下面一些情况。在一个情境初次出现时,譬如说,5种反应中的每一种反应均有相等的出现概率

(probability),近似于 $\frac{1}{5}$ 或 20%,可是到结束时,其中一种反应的出现概率为零,而另一种为 1.00,那便是具有"正确"这个满意结果的反应,与之相比的是其他一些令人烦恼的"错误"的结果。任何一种以无知(ignorance)为开端的多项选择学习(multiple-choice learning)将是有用的。例如,被试或多或少学会了200个西班牙单词。以下列形式安排单词,让其选择正确词义,并对其选择告知"正确"或"错误"。

1. abedul   埃米尔……桦树……
长沙发……携带……冲床
_____ 1

2. abrasar   笨人……走路……
充满……异己……燃烧
_____ 2

3. aceite   油……铜……酸……
蟹……热烈的
_____ 3

4. acometer   计算……小行星……
防卫……攻击……信任
_____ 4

5. adefesio   无防卫的……放松……
胡说……支持……阻挡
_____ 5

6. adufe   执行……燃烧……
无言的……金矿……手鼓
_____ 6

7. adunar	理解……相信…… 祷告……帮助……联合	＿＿＿＿＿ 7
8. aguante	含水的……冷的…… 需要……坚定……蛇	＿＿＿＿＿ 8
9. alambre	曲颈瓶……蜡烛…… 铜……长石……诗句	＿＿＿＿＿ 9
10. alamo	监狱……白杨…… 围困……绵羊……警报	＿＿＿＿＿ 10

其中 5 名被试对第一行的反应结果列表如下。这些明显增强一种联结的情况,与其他具有相等强度或几乎相等强度(由于依附于某一联结和其他联结的不同结果而形成的)联结情况相比,可以在成千上万的例子中找到。

5 名被试在第一行的 12 次尝试中(Abedul 等)的记录,所作尝试的时间间隔从半小时到 24 小时。

	1	2	3	4	5	6	7	8	9	10	11	12
N	5	3	5	3	5	4	1	2	2	2	2	2
P	3	5	4	4	2	2	2	2	2	2	2	2
Ra	4	2	2	3	2	2	2	2	2	2	2	2
Ro	4	1	1	2	2	2	2	2	2	2	2	2
St	3	3	2	1	5	1	5	2	1	2	3	2

一种联结的后效(after-effect)如何增强或减弱相应的联结,可能是一个值得争论的问题,但是,在我看来,它像学习事实本身一样可以肯定。

然而,它曾经是一种不受欢迎的教条,人们作了各种尝试去拒斥它。最有希望的那些论点认为,由于导致"成功的"或"正确的"结果的联结结束了对情境的各种反应,因此它必然经常发生,至少在每次情境发生时出现一次,久而久之,它便具有了频率上的优势。这是与任何一种"错误"的联结相比较而言。这一论点与事实不符,因为开始时很强而且发生频率很高的联结往往被开始时较弱但却具有有利结果的联结所取代。

　　把小猫放入置有栅栏的箱子里,栅栏的间距为1.5～2寸。当箱内的铁丝环被牵动时,箱子的门就会打开。小猫在初次体验中总是设法朝栅栏的空隙里挤出去,而不是去拉铁丝环。然而,经过40次或50次的体验,小猫几乎总是去拉铁丝环,而很少再去尝试挤过栅栏的空隙了。与此类似的例子有很多很多。

　　像上述填充字母以构成单词或选择正确词义的那些实验一样,每当一种情境发生时只产生一次反应,然后该情境得到奖励,它表明了正确反应将比其他反应更加频繁发生的这一假设的错误。它们也能够很容易地被安排,以便某个错误的反应一开始出现频率较高。例如,要求被试估计一下从纸上剪下的74个图形的面积,参照物是在他面前放着10平方英寸、25平方英寸和50平方英寸的方块,当每个图形得到判断并从视野内移开时对其宣布"正确"和"错误"。表5显示某些情形的记录,从这些记录中可以看到某种错误反应的发生频率比起正确反应的发生频率要高,可是最后终于被正确反应所取代。

表 5　连续估计某些图形面积的记录

记录提供了每次估计距离正确面积的偏差(平方英寸)。因此,0 是正确反应。

被试	图形	连续估计
M	1	−5 −7 −3 −9 −3 −5 −5 +1 −13 −5 −4 −2 −1 0 0 −7 0 0 0 −7 −7 0 0 0 0 0 0
	3	−8 −4 +2 −4 −4 −8 −4 −8 −6 −6 −4 −4 +2 +6 −4 −3 −4 −4 +2 0 0 0 0 0 0 0 +4 0
	4	−4 −8 −6 −7 −15 −11 +1 −4 −4 −8 −4 −8 −7 −2 −5 −5 −1 −2 −2 −1 0 0 0 0 0 0 0 0
	9	−5 −5 −7 −5 −3 −9 −9 −7 −3 −3 −7 +5 −7 −1 −5 −5 −1 +3 −1 0 −7 0 0 0 0 0 0 0
	10	−4 −6 −4 −7 −5 −6 −3 −6 0 −1 0 0 0 0 0 0 0 0 0 0 0 0 0 0 0 0 0 0

图形 1 在 0 出现之前有 4 个 −5,但 0 占优势。

图形 3 在 0 出现之前有 9 个 −4,但 0 仍占优势。

图形 4 在 0 出现之前有 4 个 −4,但 0 仍占优势。

图形 9 在 0 出现之前有 5 个 −5,但 0 仍占优势。

图形 10 在 0 出现之前有 3 个 −6,但 0 仍占优势。

在汉密尔顿(G. V. Hamilton)的实验中,让 6 只老鼠学习从 4 条胡同中的一条胡同里面逃出来。结果,在最初的 2 次尝试中,3 只老鼠选择错误的胡同和选择正确的胡同的比例为 2∶1。有 2 只老鼠每次在选择了 2 条或 2 条以上的错误胡同后才能发现并选择正确的胡同。只有 1 只老鼠选择正确胡同的反应多于选择错误的胡同。但是,所有老鼠很快便不约而同地开始选择正确的胡同了(如果我们单单根据第一次尝试,那么 3 只老鼠选择胡同的错误与正确之比为 2∶1 或 4∶1,1 只老鼠为 1∶1,另外 2 只老鼠全部选择正确)。

耶基斯(R. Yerkes)的 2 只猴子斯克尔(Skirrl)和索尔克(Solke)在多项选择实验的所有困难问题中(第 2、3、4 题),最初 10 次尝试时的错误反应比正确反应的次数要多,然而,它们最终还是把错误反应完全抛弃了。实验情况如表 6 所示。

表 6

斯克尔和索尔克两只猴子在耶基斯的多项选择装置的最初系列中，作出正确反应的频率和最为常见的错误反应。

		场景										
		1	2	3	4	5	6	7	8	9	10	合计
斯克尔,问题2	正确	1	1	1	1	1	1	1	1	1	1	10
	错误	3	5	5	4	2	1	0	1	2	2	25
索尔克,问题2	正确	1	1	1	1	1	1	1	1	1	1	10
	错误	8	4	5	5	1	5	1	1	3	6	39
索尔克,问题3	正确	1	1	1	1	1	1	1	1	1	1	10
	错误	4	1	4	3	5	0	0	1	3	1	22
索尔克,问题4	正确	1	1	*	1	*	*	1	*	*	1	5
	错误	2	6	*	6	*	*	2	*	*	5	21

* 未能达到对上述这些场景的掌握

我认为这一学说之所以不受大众青睐，部分原因在于对下述观点持有一种偏见，即任何事物的效果都能反作用于该事物以引起该事物的变化；部分原因在于不愿相信一种联结的效果对它产生了影响，只要这种影响的机制（mechanism）还是一个谜。这种偏见和不愿相信应当让位于事实。

我们了解了一种联结活动的哪些结果或后效确实强化或弱化着该联结，而且，如果我们能够的话，应该解释它们是如何强化或弱化联结的。但是，对于第二个问题，本次演讲将不予考虑。

由事实来证明的这一知识的首要要素是，增强联结的许多结果属于满意之物（satisfiers）。满意之物可以被界定为个体不想回避的一种状态，而且通常做些能够获得它和保持它的事情。例如，饥饿时的食物、压制后的自由、击中目标、听到人们说"对"而不是"错"，或者为他人或本人所赞许的其他一些东西——这

些都是用来帮助动物或人类进行学习的满意之物的例子。那些减弱联结或增强某个不同联结的结果都属于讨厌之物(annoyer)。讨厌之物可以被界定为动物回避或加以改变的一种状态。电击、长期监禁、饥饿、听到说"错了"、未被准许或遭奚落、困惑、失败和羞耻都是一些常见的讨厌之物。

　　人们已经做过许多实验来比较某种满意之物的效果和讨厌之物的相反效果。

　　在这些实验中,最重要的实验是沃登(Warden)和爱尔斯沃思(Aylesworth)的实验。他们设计了一套装置,以便使一组年龄为3个月的白鼠进入通道之内。通道以一块明亮的地块[光源来自75瓦"马自达"(Mazda)灯泡]为标志,白鼠从地板格栅上接受电击。如果它们进入以黑暗地块为标志的通道,就不会受到电击,而且在"奖励"的实验情形里,"吃到浸过牛奶的面包"。

　　整个实验分为三级。在奖励组(R),对正确反应给予奖励,而当错误反应出现时,便将白鼠从目的箱中移出,转移到它们常住的笼子中或其他休息场所。在惩罚组(P),对待正确反应的措施与奖励组(R)中对待错误反应的措施一样,而伴随着错误反应而来的则是电击,然后将白鼠从栅栏中移去,并像上述那样转移。在奖励和惩罚组(RP),正确反应如上述一样得到奖励,而错误反应也像上述一样得到惩罚。

　　在奖励组中,10只白鼠学习十分缓慢,在平均293.5次尝试中,10次选择有9次正确。在惩罚组中,10只白鼠学习迅速,在平均56.2次尝试中,正确选择达到9/10的。在奖励和惩罚组中,10只白鼠学习速度更快,在平均32.8次尝试中,达到

9/10 的正确选择。惩罚组的白鼠在 104.4 次尝试中,20 次选择有 18 次达到正确,而在奖励—惩罚组的白鼠中,只用 59.7 次尝试便达到了这一正确率。在惩罚组中,白鼠用 145.9 次尝试达到了 30 次选择中有 27 次为正确的选择率,可是在奖励和惩罚组中,白鼠只用 67.3 次尝试便达到了这一成绩。

受到电击惩罚的白鼠由此作出的反应往往是两种通道都不进去,而是待在反应室中。如果一只白鼠这样干了 5 分钟,那么它的尝试便被解释为失败,从而像上述一样被转移出去。如果学习任务是不进入错误的通道,那么受到过惩罚的老鼠会大大超越喂饱的老鼠。奖励—惩罚组的老鼠可以说通过惩罚学会了避开错误通道,通过奖励不再在反应室中待上 5 分钟,而是直奔正确通道去了。

在这类实验中,我们不仅应当考虑奖励本身和惩罚本身,而且还应当将正确反应的奖励和错误反应的后效相比较,并将错误反应的惩罚和正确反应的后效相比较。这种差别必须加以考虑。

在关于奖励效应的所有考虑中,我们也许不仅需要考虑奖励本身,还应当把奖励和"心向"(set)或"顺应"(adjustment)联系起来加以考虑。对一个动物来说,如果它的心向朝着获得自由,自由便可能具有更大的潜力,而食物或赞扬便具有较小的潜力;如果它的心向朝着获得食物或赞扬,情况便会相反。在老鼠走迷宫的实验中,毫无阻碍地奔跑而带来的满足可能在价值上超过从迷宫终端吃到食物所产生的满足。

把通过奖励来学习和通过惩罚来学习进行比较是一个具有巨大实践重要性的问题,因此我将简要报告一下最近一系列实

验的结果。这些实验是我们在哥伦比亚大学师范学院的教育研究所(Institute of Educational Research of Teachers College, Columbia University)进行的。

我们提出这样的问题:"在其他条件均相等的情况下,对某一情境作出的正确反应,并得到宣布为'正确'的奖励,从而增强了那个联结,是否超过了对某一情境作出错误反应,并受到宣布为'错误'的惩罚,从而减弱了那个联结?"

在一个关于学习的实验中,通过反复选择,为一个单词挑选5种词义中的一种,每一次选择后都宣布"正确"或"错误"。我们记录了由9名被试来学习的200个单词的全部情况,也即印在每个单词后面的5种词义中的那个正确词义,是在第二次和第三次尝试中被选出的,而不是在此以前。我们把第一次选择中便选出正确词义的一切情况都略去了,因为在这样的情形中,正确的联结可能来自实验以前的经验所产生的起始力量(initial strength)。表7显示了20种情况,其中正确反应是在第二次和第三次尝试中作出的,而不是在第一次尝试中作出的。

表　7

对20个单词作出最初18个反应的学习过程,在第二次和第三次尝试中作出正确反应,而不是在此之前(c代表正确反应)。

1	2	3	4	5	6	7	8	9	10	11	12	13	14	15	16	17	18
×	c	c	c	c	c	×	c	c	c	c	c	c	c	c	c	c	c
×	c	c	c	c	c	c	c	c	c	c	c	c	c	c	c	c	c
×	c	c	c	c	c	c	c	c	c	c	c	c	c	c	c	c	c
×	c	c	c	×	×	×	×	×	c	c	c	c	c	c	c	c	c
×	c	c	c	×	×	×	×	×	×	c	c	c	c	c	c	c	c

× c c c c c c c c c c c c c c c c c
× c c c c c c c c c c c c c c c c c
× c c c c c c c c c c c c c c c c c
× c c c c c c c c c c c c c c c c c

× c c × × × × c c c c c c c c c c c
× c c c c c c c c c c c c c c c c c
× c c c c c c c c c c c c c c c c c
× c c c c c c c c c c c c c c c c c
× c c c c c c c c c c c c c c c c c

× c c c c c c c c c c c c c c c c c
× c c c c c c c c c c c c c c c c c
× c c c c c c c c c c c c c c c c c
× c c c c c c c c c c c c c c c c c
× c c c c c c c c c c c c c c c c c

我们还同样记录了所有这样的情况,即在第二次和第三次尝试而非在此之前,被试选择了同样的错误词义。其中有 20 个如表 8 所示。

表 8

对 20 个单词作出最初 18 次反应的学习过程,在第二次和第三次试中作出某种错误反应,而不是在此之前(o 是指特定的错误反应以外的反应)。

1	2	3	4	5	6	7	8	9	10	11	12	13	14	15	16	17	18
o	×1	×1	o	o	o	o	o	o	o	o	o	o	o	o	o	o	o
o	×1	×1	o	o	×1	o	o	×1	×1	o	o	o	o	o	o	o	o
o	×1	×1	×1	o	o	o	o	o	o	o	o	o	o	o	o	o	o
o	×1	×1	×1	×1	×1	o	×1	×1	×1	o	×1	o	o	o	o	o	o
o	×1	×1	×1	o	o	o	o	o	o	o	o	o	o	o	o	o	o

o	×1	×1	×1	o	o	×1	×1	o	o	o	o	o	o	o
o	×1	×1	×1	o	o	o	o	o	o	o	o	o	o	o
o	×1	×1	×1	×1	×1	×1	o	o	×1	×1	×1	×1	o	×1	×1
o	×1	×1	o	o	o	o	o	o	o	o	o	o	o	o

o	×1	o	o	o	o	o	o	o	o	o	o	o	o	o
o	×1	×1	o	o	o	o	o	o	o	o	o	o	o	o
o	×1	o	×1	o	×1	o	o	o	×1	o	o	o	o	o
o	×1	×1	×1	o	o	o	o	o	o	o	o	o	o	o

o	×1	×1	o	o	o	o	o	o	o	o	o	×1	o	×1
o	×1	×1	×1	×1	×1	×1	×1	×1	×1	o	o	o	o	o
o	×1	×1	o	o	o	o	o	o	o	o	o	o	o	o
o	×1	×1	×1	×1	o	o	o	×1	o	o	o	o	o	o
o	×1	×1	o	o	o	×1	o	o	o	o	o	o	o	o

现在,让我们来比较一下两组情况(其例子如表 7 和表 8 所示):我们所测量的是,在连续两次正确选择以后宣布为"正确",它对以后正确反应的优势所具有的影响,以及在连续两次选择同样的错误词义并被宣布为"错误"以后,它对以后那个特殊错误反应的优势所具有的影响。

例如,在连续两次正确反应以后接下来的反应中,总共 20 个反应有 18 个正确和 2 个错误。在偶然(chance)的情况下,可能会有 4 个正确和 16 个错误。在连续两次选择同一错误词义的 20 个反应中,就接下来的反应而言,有 10 个不再发生错误,而在偶然的情况下,选错词义的发生率仍为 16 个。

由 9 名被试组成的整个小组,在连续两次正确反应或连续两次选择同一错误以后发生的反应(或者在第二次和第四次尝试中,而不在第一次和第三次尝试中)如表 9 所示。"正确"的影响远比"错误"的影响要大得多。

表 9

两次正确反应后用"正确"作为奖励的影响与两次同一错误反应后用"错误"作为惩罚的影响的比较：在学习西班牙单词词义中的实验 A

在第二次和第三次尝试,或第三次和第四次尝试,或第二次和第四次尝试中(而不是在此之前或受到干预的情况下作出正确反应),以后接下来尝试的反应数：

(a) 出现一个正确反应 …………………………………………………… 174
(b) 出现一个错误反应 …………………………………………………… 73
a 在 a＋b 中的百分数 …………………………………………………… 70
机遇性百分数 …………………………………………………………… 20

在第二次和第三次尝试,或第三次和第四次尝试,或第二次和第四次尝试中,因为宣布"正确"而使两个联结得到增强 …………………………… 50

在第二次和第三次尝试,或第三次和第四次尝试,或第二次和第四次尝试中(而不是在此之前或受到干预的情况下),作出错误反应以后接下来尝试的反应数：

(c) 出现任何其他的反应 ………………………………………………… 373
(d) 出现同一错误的反应 ………………………………………………… 173
c 在 c＋d 中的百分数 …………………………………………………… 73
机遇性百分数 …………………………………………………………… 88

在第二次和第三次尝试,或第三次和第四次尝试,或第二次和第四次尝试中,因为宣布"错误"而使两个联结得到弱化 ……………………………… －7

表 10

在正确反应以后宣布"正确"和在错误反应以后宣布"错误"所产生的影响：实验 A

在第二次或第三次尝试,或第三次或第四次(不是在此之前)尝试中,作出正确反应以后接下来尝试的反应数：

(a) 作出正确反应 ………………………………………………………… 283
(b) 作出错误反应 ………………………………………………………… 338
a 在 a＋b 中的百分数 …………………………………………………… 46
机遇性百分数 …………………………………………………………… 20

在第二次或第三次尝试中,因为宣布"正确"而使一个联结得到增强 ……… 26

在第二次或第三次或第四次(不是在此以前)尝试中,作出错误反应以后接下来尝试的反应数：

(c) 作出除错误反应以外的任何其他反应 ……………………………	1609
(d) 作出同一错误的反应 ………………………………………………	488
c 在 c+d 中的百分数 ……………………………………………………	77
机遇性百分数 ……………………………………………………………	80
在第二次或第三次尝试中,因为宣布"错误"而使一个联结产生弱化 …………	−3

表 10 是一个与表 9 相似的表列,但是,它仅仅显示了一个正确反应后宣布为"正确"和一个错误反应后宣布为"错误"所产生的影响。在每一情形中,反应是在第二次尝试中作出的,而不是在第一次尝试中作出的;或者是在第三次尝试中作出的,而不是在第一次或第二次尝试中作出的;或者是在第四次尝试中作出的,而不是在第一次、第二次或第三次尝试中作出的。

一次"正确"的影响自然比两次"正确"影响要小。正如表 9 中所示一样,宣布"正确"对其相应联结的强化要比宣布"错误"对其相应联结的弱化要大得多。

我们在其他两次扩展的实验中获得相似的结果。本次实验是要求被试从 5 个词义中选择一个正确的词义,而在另外两次学习实验中,则要求被试用 10 种动作(如将右手前伸、转头、点头或张嘴等)对 10 种明显不同的信号作出反应。

表 11 和表 12 显示了一般的结果,这些结果具有决定性的意义。在其他条件相等的情况下,宣布"正确"强化了随后的和相属的联结,比起宣布"错误"弱化了随后的和相属的联结来,前者要有力得多。

表　11

在每次正确反应后宣布"正确"的影响和每次错误反应后宣布"错误"的影响(实验 A、B、C、D、E、F)

学习从 10 个动作中选择一个正确动作的实验

	A	B	C	D	E	F
在第一次、第二次或第三次尝试中(而不是在此以前),作出正确反应以后接下来尝试的反应数:						
(a) 作出正确反应	283	307	326	10	15	12
(b) 作出错误反应	338	171	218	12	8	5
a 在 a＋b 中的百分数	46	64	60	45	65	71
机遇性百分数	20	20	20	10	10	10
在第一次、第二次或第三次尝试中,形成的联结,因为宣布"正确"而使一个联结得到增强	26	44	40	35	55	61
在第一次、第二次或第三次尝试后(而不是在此以前),作出错误反应以后接下来尝试的反应数:						
(c) 作出除错误反应以外的任何其他反应	1609	866	1272	123	103	108
(d) 作出同一错误的反应	488	365	372	13	17	16
c 在 c＋d 中的百分数	77	70	77	90	86	87
机遇性百分数	80	80	80	90	90	90
在第二次、第三次或第四次尝试中,因为宣布"错误"而使一个联结产生弱化	－3	－10	－3	0	－4	－3

表 12

两次宣布"正确"与两次宣布"错误"的影响比较(实验 A、B、C、D、E、F)

	A	B	C	D	E	F
在第二次和第三次尝试,或第三次和第四次尝试,或第二次和第四次尝试中(而不是在此以前或受到干预的情况下),作了正确反应以后接下来尝试的反应数:						
(a) 作出正确反应	174	56	234	6	13	10
(b) 作出错误反应	73	22	59	0	0	0
a 在 a＋b 中的百分数	70	80	80	100	100	100
机遇性百分数	20	20	20	10	10	10

在第二次和第三次尝试,或第三次和第四次尝试,或第二次和第四次尝试中,因为宣布"正确"而使两个联结得到增强	50	60	60	90	90	90
在第二次和第三次尝试,或第三次和第四次尝试,或第二次和第四次尝试中(而不是在此之前或受到干预的情况下),作出错误反应以后接下来尝试的反应数:						
(c) 作出除错误反应以外的任何其他反应	373	132	270	10	14	10
(d) 作出同一错误的反应	137	71	116	5	3	4
c 在 c+d 中的百分数	73	65	70	67	82	71
机遇性百分数	80	80	80	90	90	90
在第二次和第三次尝试,或第三次和第四次尝试,或第二次和第四次尝试中,因为宣布"错误"而使两个联结产生弱化	−7	−15	−10	123	−8	−19

确实,在我们的实验中,就我们可以见到的而言,宣布"错误"并不减弱联结。恰恰相反,比起宣布"错误"而弱化联结来,被试反而从这种反应的发生中增强了力量。作出两次正确反应并被宣布为"正确",在强化联结方面比起一次正确反应来要强得多,作出两次错误反应并被宣布为"错误",在弱化联结方面比起发生一次错误反应来更弱一些。

我以同样方式研究了耶基斯、郭(Kuo)和其他学者的实验,研究了这些实验中老鼠、乌鸦、猴子和猪通过奖励和惩罚来学习的记录。在郭关于 13 只老鼠的实验案例中,学习主要地(也许完全地)用增强奖励的反应来解释。在其他一些实验中,奖励和惩罚的相对影响不易测量,但是前者显然更具潜力。我还用其他被试和其他种类的学习对上述实验加以补充,结果发现它们是完全正确的。[①]

---

① 一般说来,这些事实过于技术化,以至于无法在这里报道。它们将在其他场合报道。

当然，这些实验并不意味着惩罚是无用的。从沃登和爱尔斯沃思的动物实验中，从一般的观察中，可以见到相反的情况。这些实验结果尚无必要使我们预先改变对惩罚的态度，除了我已经描述的这类学习和这类学习者以外。但是，人们也许会这样做，而且也许应当这样做。由于在这些实验中，对这些被试来说，错误的联结为正确的联结所取代或取消，而不是天然地变弱，因此我们可以特别期望在许多学习中会发生类似的事情，从而增强我们对积极学习和教学而不是消极学习和教学的信心。

这些实验结果还得出了满意之物和讨厌之物如何影响联结的重要结论。这里，我只谈其中一个问题。一般说来，讨厌之物并不通过它们跟随的无论什么联结而对学习发生作用。如果它们确实对学习起了什么作用的话，那么它们实际上是起了间接的作用。这种间接作用也就是告知学习者在如此这般的情境中间，如此这般的一种反应会给学习者带来苦恼，或者让学习者对某种物体感到害怕或恐惧，或者使学习者从某个地方突然退缩回来，或者在学习者内部产生某种明确而又独特的变化。然而，满意之物看来起着一种更为直接的和普遍的作用，更为统一的和微妙的作用，但是，就"满意之物究竟干些什么"这一问题，应该进行比任何人已经从事过的更为细致的研究。

第 四 讲

对一种联结后效的影响的解释

我们已经看到,一种联结的后效(after-effects of a connection)能够反作用于联结,以便对它产生影响。我们的下一个问题是,了解这些后效如何起作用。由于事实不充分,我们将把这个问题与业已发展起来的一些理论和假设联系起来加以报告。

第一种理论声称,一种联结的后效通过在心中回忆起有关它们的观念(ideas)或它们的某些对应物(equivalents)的观念来产生影响。例如,在我们学习为一个单词选择正确词义的实验中,被试会有这样的体验:看到单词A,作出反应1,听到"错了";看到单词A,作出反应2,又听到"错了";看到单词A,作出反应3,这时听到说"对了"。当他下次看到单词A的时候,意欲作出反应1或反应2的任何倾向便会使他在心中回忆起某种"错误"的意象(image)或记忆,或"错误"观念的对应物;而想作出反应3的任何倾向又会在他心中引起某种"正确"的意象或记忆，或"正确"观念的对应物。这种理论就是这样陈述的。它进一步认为，这种关于错误的记忆或观念与一种倾向（tendency）联合起来，肯定会抑制这种倾向；而关于正确的记忆和观念与一种倾向联合起来，肯定会鼓励这种倾向去行动，并且保持和强化这种倾向。

为了方便起见，我们可以把这种理论称之为表象性理论（representative theory）或观念性理论（ideational theory）。这种理论将以同样的方式解释一只猫的学习行为。它开始回避出口S，因为在那里曾受到过轻度的电击；它喜欢出口F，因为在那里可以获得食物。我们可以这样假设，接近并进入S的倾向在猫的心中唤起了有关痛苦的电击的某些意象或观念或幻觉，而接近并进入F的倾向在猫的心中唤起了食物的表象。上述两种表象分别抑制或促进这些倾向。

这种表象性理论或观念性理论对联结的后效强化或弱化联结的方法作了一般性的解释，对此，我发现了两种有力的反对意见。首先，所谓的作为结果的意象或记忆或观念实际上在学习过程中并不经常出现。

让16名被试学习从5个所给的词义中选出一个单词的正确词义，实验结束时向他们询问了下列问题：

1. 在学习西班牙语单词或罕见的英语单词词义时，当你受过某种训练后看着一行词，但对那行中的词尚不完全肯定，这时，是什么东西使得你认为"第一个词是错的，第二个词是错的，而第三个词是对的"呢？

2. 是不是因为"对"和"错"的词在你心中浮现？

3. 在你开始确信某个词是正确的词之后，是什么东西使得你认为它是对的而其他的词是错的呢？

4. 当你看着一行词中的那个正确的词时，你心中是否浮现那个正确词的听觉的或视觉的或运动的意象？

5. 当你看着那些错词时，你心中是否浮现错词的听觉的或视觉的或运动的意象？

在对第一个问题的回答中，只有一个答案提到被试受了实验者所说的"对"和"错"的记忆的引导，或者受到这些词的意象的引导。甚至当问题以较为模糊的形式提出，并暗示肯定回答时，像问题 2 那样，也只有 4 名被试回答"是的"。1 名被试说"我不知道"，11 名被试说"不"。对第三个问题，没有一种单一的回答明确提到受记忆或意象的引导。对于问题 4 和 5，12 人回答"不"，1 人答"是"，1 人答"有时"，2 人答"我不知道"。

在另一个实验中，12 名被试对一些纸条长度进行估计，要求误差不超过 1/2 寸或 1/4 寸，每次估计以后由实验者宣布"对"或"错"。被试有了进步，比如说，导致了对 6.5 寸纸条的正确反应的联结开始增强。实验临近结束时向被试提出下列问题："在学习估计白条子的长度时，当你看着条子并判断其长度，譬如说，8 寸，首先使你想起的是不是'8，正确'这几个词？"

14名被试都说"不"。

另外8名被试学习估计表面积。当以相似的方式向他们提问时,除了一个人对这个最具暗示性的问题回答"是的"以外,其他人都说"不"。

在学习许多技能性动作(acts of skill),如游泳、打网球、舞蹈或拳击时,看来不仅没有这类表象(如安全的前进或下沉,球滚进球场或滚出球场,等等)去引导反应的选择;而且也没有这种可能性,因为没有时间。如果你在拳击过程中停下来回忆以前某次拳击时你向对手鼻子上实施的令人满意的重重一击,以便引导你在这次拳击中的打法,那么你便几乎不会击中对方。在射击或打弹子或打字过程中,尽管可能有时间,但对大多数人来说。在大多数场合,仍然不会有表象浮现出来。

我能够用来证明下述现象的唯一例子(这些现象是指通过在自己心中浮现先前反应的令人满意或令人讨厌的后效来引导反应的选择或回避)是一些经过深思熟虑的行为,例如,在一家商店购物而不在另一家商店购物,读一位作者的著作而不读另一位作者的著作,吃一种食物而不吃另一种食物,如此等等。我们可以选择阅读A所著的书而不读由B所著的书,或者点菜时要C汤而不要D汤,原因在于阅读A的书或喝C汤时唤起了愉悦的表象。甚至在这些情形中,偏爱A或C也许是一种对联结的直接强化。我们也许更经常地倾向于选择A或C,而不受以往选择结果的表象的任何干扰。

第二种反对意见存在于前一讲所提供的证据之中。在我们的实验中,宣布"正确"对联结的强化作用要大于宣布"错误"对联结的弱化作用。

对于表象理论来说,这些实验将是一种有利的例证,因为以两种简单单词的形式来表现的结果容易浮现和容易联想(associate)。根据表象理论,一些错词将使人回忆起伴随它们而来的"错误",一些正确的单词也将使人回忆起伴随它们而来的"正确",除了原始经验所提供的注意力的差别之外;当心中回忆起那个"错误"时,将对选择错词的倾向说"不",同样明确的是,当心中回忆起那个"正确"时,将对选择正确单词的倾向说"是"。宣布"正确"可能比宣布"错误"会吸引更多的注意,但是这种差别不足以说明表 11 和表 12 中呈示的力量悬殊的原因。表象理论要求"正确"的意象或记忆作为两次宣布"正确"的结果在心中浮现,每百次中达到 60 次或 60 次以上,而"错误"的意象或记忆决不会达到这一次数。

接下来我们考虑的学说或假设是,当某个联结后面伴随着一种满意之物时,个体就会重复这个联结或者多多少少与此对应的某种东西。例如,如果他学习为墨鱼(calamary)这个词选择正确的词义,被选择的词义有锦缎、鱿鱼、葫芦、监狱和调味品,被试在鱿鱼下面画线,然后听到实验者说"正确",他便默诵着"墨鱼—鱿鱼,墨鱼—鱿鱼"。如果他正在学习为 10 种不同的图形(如图 1 所示)中的每一种图形从 10 种动作中选择正确的动作,例如,对一条长的斜线作出的反应是把头向左转并听到说"正确",于是他就会想"长的斜线,头向左转"。这样的学说得到肯定。被试通过重复强化了正确的联结。他可能干脆排除错误的联结,或者他可能自言自语地说"4 根交叉线,头不要向左转",以此来强化这些否定。

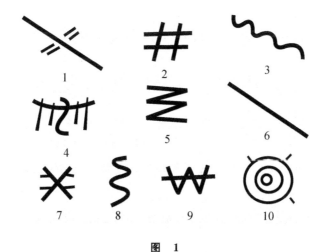

图 1

通过重复进行强化确实发生在许多学习活动中。每个人都必须承认这一点。问题在于,它是一种基本的和普通的方法呢(通过这种方法,伴随着联结的满意之物或讨厌之物强化或弱化了这些联结),还是仅仅是一种附属的或偶然的(accessorial or occasional)方法?

看来,寻求这一答案的最佳途径是去了解当一个人无法继续进行这种重复时会发生什么情况。在学习技能动作的许多形式中,人们无法做到这种重复。例如,在实际打球时学习网球,或者在实际操作时学习打字或弹钢琴。由于这时必须对新的情境作出反应,因此没有时间重复成功的反应。

在小鸡、老鼠、猫、狗、浣熊以及其他一些动物的学习中,看来很少有可能进行这种内在的重复。一只正在走迷宫的老鼠,在某一地点向右转而不是向左转,以便获得自由的奔跑;结果,它学会自由奔跑了。研究老鼠心理学的任何学者是否会认为老鼠一边跑一边自己想,在如此这般的地方,应该向右转吗?处在

黑箱中的猫拉下绳环,然后从箱子里逃出并获得食物。它是否会一边享受自由和食物,一边却想"关在黑箱子里,然后拉下那个叫什么来着的东西"呢?

这样一些考虑也许适合于否定对某些内在的联结对立物的重复,据说这种重复是通过令人满意的后果而使联结得到强化的原因。但是,我们已经设法做了些实验,它们对这个学说至关重要,对其他一些学说也至关重要。这些实验的本质是防止关于联结的观念的任何影响,或者由于个体不知道联结是什么而通过联结的重复所产生的任何影响。让被试判断4条线中哪一条线最长。他接受如下指导语:"我将给你看像这样的大卡片。每一张卡片上有4条线,从左开始1、2、3、4。你比较一下这4条线的长度,并说出最长一条线的号码。如果一条线被白色条纹拦腰截断,别管它,仍然估计出线的一头到另一头的长度。这4条线的长度差别是很小很小的,因此,你会感到一开始的判断好像仅仅是一种猜测而已。"接着,向被试展示几张卡片,并让被试有5秒钟时间来作出判断;被试判断后,实验者把卡片面朝下放置,对判断作出记录,并宣布"对"还是"错"。

这些卡片被设计得所有的差别都难以分辨。差别等于零或少于半毫米,但是,一张卡片上仍有一条线比其他线粗一些,3号线总是正确的一条线。在另一张卡片上,有一条线被2条白色条纹拦腰截断,2号线便是正确的,其他使用的卡片也有类似情况。联结上总是有某种特征,以便达到反应的正确性。在一张卡片上有一墨点或者有一条画得不完整的线条,1号线便是正确的,等等。对于所有这些情况,被试们在实验开始时一无所知,而且有些人从来不会了解任何情况。我们把我们的考虑限于这些人。在他们中间,有些人仔细考察了 4 条线中的每一条线,设法看出这些线条在长度上的一些差别,但是,结果使眼睛紧张费力;还有许多被试利用实验指导语的许可,仅仅对卡片一般地看一下便作了猜测。与这种猜测在一起的,可能结合了一些错误的观念——数字会以某种序列的形式出现,或者粗线是最长的,或者被两条白色条纹腰斩的那条线的右边一条线是最长的线,等等。这些错误的观念对我们的实验来说是无害的。

无论被试做什么,只要他们没有习得正确的体系或该体系的任何特征,那么,一张卡片上面画着一条粗线条的外部情境和作出反应"3"之间的联结将伴随着"正确",而外部情境和任何其他反应(例如"1"、"2"或"4")之间的联结将伴随着"错误"。

但是,被试将不知道这一点,因此在他们听到"正确"以后不会自言自语地重复"上面标有 3 号的粗线条的卡片"。如果这些被试学习了,也就是说提高他们正确反应的百分比,那么他们这样做并没有从内在的重复或联结的复述中得到任何帮助。这种内在的重复或联结的复述伴随着满意之物。

如果这些被试没有学习,那将不能证明学习需要重复。外部情境的关键特征不可能充分地"属于"头脑中与之联结的反应。尽管眼睛见到它,但脑子可能撇开它,把它丢弃在堆放无关要素(irrelevant elements)的角落里。但是,如果他们确实学习了,那将证明学习不需要重复或复述。

他们确实学习了,而且比受到其他手段诱导的被试们学得更迅速。这里所说的其他手段是指对卡片作出正确反应并取得满意结果以外的手段。

例如,在伴随"正确"和"错误"的尝试之前和之后,对 8 名被试进行了测试。另有8名被试在并不伴随"正确"或"错误"的尝试之前和之后接受测验,但把较长的线画得超过1~2.5毫米的长度,由于判断更易正确,因此比起前面8名被试来,在尝试中作出正确反应的百分比更高。

前面一组称为"效果"组(effect group),每名被试作出的正确反应和错误反应数分别为正确反应590,错误反应1486;后面一组称为"频率"组(frequency group),每名被试作出的正确反应数为618个,错误反应数为776。效果组的正确反应分数从362提高到432,即提高了19.6%。而频率组的正确反应分数却从371提高到383,即提高了3.2%。

其他一些实验显示了比这个数据较小的差异,但是所有这些一般的结果均有利于"效果"组。

我们需要加以考虑的下一个假设是,当某个联结后面紧接着出现一个满意之物时,比起后面紧接着出现一个讨厌之物时,前者的持续时间要比后者的持续时间更长一些。这里,我们必须区分"联结持续时间较久"(the connection lasts longer)的两种含义。它可能意味着情境和反应在心中结合的时间较久。例如,一名被试选择鱿鱼作为"墨鱼"这个单词的正确词义,于是在心中记住"墨鱼→鱿鱼"这个对子,直到听到"正确"为止,然后把这一对子继续保持在心中。可是,当他选择监狱作为墨鱼这个单词的正确词义时,他听到实验者宣布他的这一选择是"错误"的,他马上从心中排除了"墨鱼→监狱"这个对子。这样,就可以把保持或排除与重复或不重复加以比较;而且,我们运用了在重复问题上已经说过的东西。也就是说,毫无疑问,这类保持或排除一般也附属于满意之物的潜力(而不是满意之物的潜力的普遍和全部的原因),以增强由此产生的和它们所属的那些联结。

一个联结持续时间较久可能意味着大脑神经元(它们联结生理上的对应物)中该活动的某种特征或结果在伴随满意之物时比伴随讨厌之物时前者持续的时间较久。这可能是十分正确的;而且可能发生在那些运动技能的活动中,诸如发生在打网球或打字或拉小提琴的实际操作中。在那里不存在有意识的联结的重复或延长。例如,网球新手将球击回去,越过网并落在球场内,从而感到满意。比赛继续进行,不存在情境和反应结合在一起的有意识的重复或延长。但是,使后者和前者联系在一起的大脑活动的某种特征或结果在这样一种情形里可以想象会保持较久,比起那位网球新手对于把球无力地击落网里这一情境所作的反应来说,前者保持较久。

这个假设(关于联结的部分生理基础的延长)具有简单化的优点。我们把联结的生理对应物称为 C,将它留下的预先倾向(predisposition)称为 Cp。因此,当其他条件相等时,如果 C 发生 4 次,每次 0.2 秒,那么它便留下更大和更强的 Cp。如果 C 发生 0.8 秒,它也将留下更大或更强的 Cp。通过间隔性地补充更多的 C,频率便增强了一个联结。通过不断地补充更多的 C,一个令人满意的序列增强了联结。一个序列的满意之物的影响比起一个重复的影响来有那么一点儿神秘。然而,这种假设不易符合满意之物延迟(delayed)2 秒钟或 3 秒钟的情况,例如,在打台球中学习一杆连中两球或一杆连中三球的情况。但是,这可能不是一个不可克服的困难;一切理论在解释长时延迟的满意之物的影响时都有麻烦。

我在 15 年以前提出的另一个假设在我看来仍然值得考虑,至少不能被视为想入非非。

这个假设可以十分简要地阐述如下:神经元的生命过程是:① 吃;② 排泄废物;③ 生长;④ 具有感觉、传导(conducting)和排泄;⑤ 运动。它所处的位置的运动或变化受制于它的目标。因此,它可能根据其生理状况或多或少地准备着或不准备着,倾向于或不倾向于吃、排泄、生长、接收和传递刺激以及运动。接收和传递一个刺激的活动使它准备吃东西。当它的生命过程(而不是运动)进展良好时,它便继续参与它所从事的运动-活动(movement-activity);当它的生命过程(而不是运动)受到干扰时,它便表现出这类干扰所引起的无论什么运动,直到干扰停止。对它来说,这些可能的运动在它的末梢(ends)有些轻微的延伸或收缩(extensions or retractions)[包括侧突(collaterals)的末梢]。

于是,神经元的生活和变形虫(amoeba)或草履虫(paramecium)的生活十分相似。它们已经被分化(differentiated),以便把传导作为其特殊的交易,而且它们的身体变得固定不动,除了这里和那里的一些末梢以外。对于吃、排泄、生长等良好发展(或受干扰)的生命过程来说,在神经元的情形中与在任何单细胞动物(single-celled animal)的情形中是十分相同的。

如果这一假设被证明是正确的,那么,"学习和记忆的能力"(capacity to learn and remember)可以在神经元的运动过程中找到其生理基础。根据这一假设,一个可变的神经元将维持那个运动—活动——以及那些与其他神经元的空间关系(spatial relations)——依靠这种关系,它的生命过程(而不是动力)进展得很好。现在,对于神经元的生命过程来说,在特定状况下接收和传递刺激以便进展良好是一个生理事实。当我们说那个动物的情况令人满意时,我们指的就是这个意思。对于神经元在特定状况下传导过程受到干扰来说,也是一个生理事实,当我们说那个动物的情况令人讨厌时,我们指的就是这个意思。根据这个假设,在后者的情形中,神经元发生运动,以便与邻近的神经元保持一些新的空间关系。并且保持那些空间关系——保持那些突触亲密的关系——那些引起满意的传导。

每一个神经元(经过这样的运动,在其作为一种接收和传递的器官的运作中来保持健康状况)将放弃那些引起令人讨厌状态的突触联系的传导,同时保持那些能引起满意状态的突触联系。效果律(the law of effect)将是单细胞有机体(unicellular organisms)像动物脑中的组成要素(elements)那样协同采取"一般回避反应"(ordinary avoiding reaction)的次级结果(secondary result)。人类的智力(intellect)和性格(character)的获得性联结将是他的神经元的非习得倾向(unlearned tendencies)的结果。当一切情况良好时,这些神经元便保持原来的活动,但是当它们的生命过程受到干扰时,这些神经元便采取不同的活动。因此,动物的学习将是其神经元非习得反应(unlearned responses)的产物。

在上述的论证中,我主要是为了便于理解而提出了稍稍精细的理论。我把运动——空间变化——假设为神经元的生命过程。但是,神经元用来改变它和其他神经元联结的性质所依赖的任何过程将会服务于这一论述的一切目的。例如,读者可以用"一种膜(membrane)的较大或较小渗透性"(permeability)这

一适当的术语来加以取代。在上述两页的任何情形里,只要我用过"一个神经元末梢的运动"的地方,都可以这样做。我关于学习的生理机制的要义可以陈述如下,它不受有关神经元末梢的运动力量的任何假设的制约:在情境和反应之间形成的联结是以神经元之间的联结表现出来的。通过这些神经元,在一组神经元中发生的干扰或神经流(disturbance or neuralcurrent)通过突触与另一组神经元相联结。一个联结的强弱意味着同样的神经流从前者传导到后者(而不是传向其他地方)的可能性大小。联结的强弱反映了突触的状况。突触究竟处于什么状况还是一个假设的问题。紧密的联结可能意味着细胞质的联合(protoplasmic union),或者一些神经元在空间的接近,或者一个细胞膜具有更大的渗透性,或者降低了的电阻,或者某种有利的化学条件。让我们姑且把这种情况称之为未曾界定的条件(undefined condition)。它是与情境和反应之间的联结强度,也即突触的亲密程度相平行的。因此,一个神经元的可变性或联结的变化是与神经元改变其突触亲密性的力量相等的。

　　一个神经元改变其突触的亲密程度,以便使有利于其他生命过程的突触继续保持其亲密程度,并使不利于其他生命过程的突触减弱其亲密程度。当进食、排泄和传导过程运行情况良好时,神经元便保持突触的状态,使之不受干扰。但是,当发生相反情况时,也即进食、排泄或传导受阻时,它便竭尽其能在突触中间引起变化。这样一来,某些突触的亲密程度得到增强,而另外一些则弱化,结果,从总体上说,导致动物的可变性,我们称之为学习。由大脑神经元遗传的原生动物(protozoa)的简单回避反应,是人类智力的基础。因此,一个动物的学习是其神经元的一种本能(instinct)。

这个假设是高度推测性的,但并不神秘。这样一种学习动力(dynamic of learning)可能存在和运作,尽管我对此提不出重要的证据。它的优点不仅在于说明了重复一个联结的影响,而且也说明了一个满意之物作为一种联结结果的影响。我已经部分地注意到这一事实:通过重复来强化联结的生理学和通过满意之物来强化联结的生理学同样不为人知。

也许还有其他一些生理学理论比我的理论更加优越。像我的理论一样,它们也是高度推测性的。

我们试图找到一种令人满意的理论,也即一个联结的结果如何改变它的理论,但是这种试图尚未取得十分满意的结果。其中的一个原因在于,我们不知道当一个联结运作时神经元发生了什么情况,所以,很自然地,我们只能对联结增强或减弱时发生的情况加以推测,而且我们对联结被它的后效强化或弱化时发生的情况所进行的推测,仍只具有很小的指导意义。

我们可以用某种自信从证据中得出一个结论(这种证据是从评价了各种理论后得出的):看来,一个联结的结果通过引起某种联结的重复或复述或重新考虑,或者通过为它补充某种动机或原因,既直接作用于联结,也间接作用于联结。让我们根据这一观点来考察学习中某些最简单的例子,也就是说,同样的情境得以保持的一些例子(或者在它初次出现以后几乎即刻地一再重现)。例如,让一只对各种鱼或肉没有任何体验的小猫面对一排煮熟的鱼片,这些鱼片可以通过形状、颜色和气味来加以辨认。小猫观察了一下,然后吃了一片鱼片。对着另一片鱼片,它又观察了一下(也许会省略这一动作),然后又把它吃了。如此

继续下去,只要小猫感到饥饿,便会省略观察的步骤而保持吃的动作。同一只小猫用同样的方式面对一排发热的小型胶囊,胶囊外面涂着肉汁但里面却装有弱酸。小猫对这些胶囊进行了审视,然后抓了一颗放进嘴里。它不会经常性地重复这一动作,而是很快避开这些胶囊。同样,一只狗会连续不断地啃一块骨头,但它不会连续不断地啃一块使其触电的物体。与此相似的是,我们可能会长久地静静注视着绿色的草地或蓝色的天空,而对炫目的光照却不会给予长时的注视。

在这类学习中,有一个联结得到了保持,也许还得到了加强,从而一而再再而三地发挥作用;其他的联结很快变弱,而且暂时停止作用。在上述两种情形的任何一种情形中,联结结果的影响看来是直接的。如果假设令人满意的尝试并不以某种直接的方式证实和肯定一个保持的并能迅速重现的联结,而令人讨厌的愤怒并不直接拒绝和减弱迅速被放弃的联结,那么这样的假设是荒谬的。任何研究动物行为的学者会不会假设狗回忆起电击意象从而避开了该物体呢?你们中间的任何一个人会不会证明你们停止注视炫目的光照是因为心中想起炫目的任何意象呢?

可是,在这些例子中的联结结果的影响和它们在动物学习与人类学习实验中的影响之间的唯一差别是,就后者而言,情境的连续重复之间的时间间隔是不断增加的。如果上述的小猫在吃了第一片鱼片以后感到满意,就会产生1秒钟以后吃这样一片鱼片的较强倾向(譬如说20%的强度),但是,如果第二片鱼片在5秒钟以后出现,那么该倾向便只有18%~19%的强度,而如果第二片鱼片在2分钟以后出现,那么该倾向大概只有

15％～16％的强度。如果时间间隔增加到 2 小时,便不必指望再发生这种倾向了。如果作为学习的有效原因的神经联系的增强或减弱发生在满意之物或讨厌之物出现的一种情形中,而不是发生在我们以后想起满意之物或讨厌之物的时候,那么它也必然会在后者的情形中出现。神经元无法告诉几小时以后这个情境是否会保持、消失或重现。

看来,在所有的情形中,存在着同一种类的直接影响。在时间间隔较长的情形中,尤其在复杂的人类学习中,这种直接影响可能较为复杂,因为它要通过各种次级的(secondary)重复、判断或其他形式的内部复述。

因此,从总体上说,我不得不对伴随着一个联结而发生,并与该联结相属的状况假定一种直接的影响。

现在,是我对这些演讲中附加在"联结"一词上的一批新的词义作出道歉的时候了。联结已被用来或将被简化地用来至少指下列 8 种不同的情况,也许会更多:

1. 使个体的特定情境或第一种状况伴随着特定反应或第二种状况的可能性。
2. 这样一种序列(sequence)的发生。
3. 这样一种序列的发生,加上问题的反应与问题的情境的相属性(belonging)。
4. 将两件事物放入这样一种序列中。
5. 将两件事物放入这样一种序列中,并且加上相属性。
6. 大脑中的神经元与上述第 1 条相应的状况。
7. 大脑中的神经元与上述第 3 条相应的活动。

8. 大脑中的神经元与上述第 5 条相应的活动。

我希望每一种情形中的前后关系(context)能使其所指的东西对这场论争的目的来说是十分清楚的。我们可以把联结用于第 1 条,把序列用于第 2 条,把序列加相属性用于第 3 条,把及时的联结用于第 4 条,把及时的联结和过程用于第 5 条,把神经联系用于第 6 条,把神经联系的活动用于第 7 条,把神经联系的形成用于第 8 条。但是,这些关于联结的静态方面和动态方面(static and dynamic aspects)的更为精确的设计,以及关于观察到的行为事件和生理基础的更为精确的设计,会由于其粗俗而危害更甚——比起它们从模棱两可的解释中摆脱出来将危害更甚。毕竟,在联结一词的多种多样运用(或滥用)中存在着真正的统一。因此,总的说来,我们可以证明以往对该术语的自由使用是正确的,并且仍将继续这样使用下去。在术语使用的问题上,最重要的要求是,提出询问的那个人应该知道他所意指的东西,以便他本人不会误入歧途。无论他在每个细节上的含意对那些想向他学习的人来说是完全清楚的还是应予拒绝的,了解含意本身是重要的,但是情况并非如此。你们可以相信,在我数百次使用联结一词时,我是知道它的含意的。如果你们不信,可以抱怨,并要求我详加说明。

第五讲

一种联结后效的新的实验数据

在前面一讲中,我们描述了一个实验,也即向被试呈现一些卡片,卡片上面画着 4 条 4 寸长的线条,被试在卡片的某些特征和报告第一条线或第二条线或第三条线或第四条线比其他线更长的倾向之间增强了联结(connections)。他们在这样做的时候并未意识到这种联结,所以在学习期间不存在自言自语重复这种联结的可能性,或者在测验期间将其作为一种指导而从心中回忆这种联结的可能性。在这样一种实验中,我们具有伴随着某些反应(responses)的(每次发生若干次)以及由实验者控制的某些特殊的后效(after-effects),但是却不受被试的内部重复(inner repetition)、复述(rehearsal)或回忆(recall)的干扰。如果我们使发生的频率(frequency)相等,那么强化或弱化的任何一种平衡都必然是由于后效的缘故。

在过去的两年里,我曾尝试着设计许多这类实验,试图减少这样的危险,也即某种情境或反应的特征使这些实验变成不公

正的测验的危险。这在测试一个联结的结果直接改变联结的力量时是可能发生的。

　　有必要使一次或二次实验拥有许多被试,或者许多实验每次具有适量数目的被试,由于问题中的联结是一个反应要素(element)和一个情境要素的联结,而对该情境的要素来说,反应的"相属"并不很强,因此这种影响(如果有什么影响的话)也可能是十分轻微的。

　　关于这些实验及其某些结果的描述,我希望对于我们的学习动力(dynamics of learning)的图景是个有益的补充,也有助于拒绝霍布豪斯(L. T. Hobhouse)、华生(J. B. Watson)、卡尔(H. A. Carr)、伍德沃斯(R. S. Woodworth)、托尔曼(E. C. Tolman)、霍林沃斯(H. L. Hollingworth)、彼得森(J. Peterson)以及其他人的各种假设。他们假设了频率、近因(recency)、适合性(congruity)、完美反应或某种其他形式的活动的促进作用,或在记忆中复述或重现正确反应或正确反应的后效的促进作用。这些都属于原因因素(causal factor)。

　　一名受过如下词汇材料训练的被试作出他的反应:在5个单词中选择一个单词,并在其底下画线。一旦被试这样做了以后,实验者就宣布"正确"或"错误",于是被试就继续下一行选择。词汇材料作如此的安排,即正确的单词出现在1号位、2号位、3号位、4号位和5号位,都是从左边数起,其相应的发生频率为10%、15%、20%、25%和30%。这个训练不仅将选择某些特定的单词与令人满意的后效联结起来,而且将从左至右选择一个单词并在其下画线的动作与令人满意的后效联结起来。被试在接受训练以前或以后用其他词汇表予以测验,而不是用那些在训练中用过的词汇表进行测试。

alguien	有人	否则	鹅	壳	漂白
amarillo	硬壳	坚硬	迅速地	卡宾枪	黄色
amarrar	爱情	结婚	掩盖	缚	受伤
amasijo	堆	存放	生面团	擦	否认
amistad	停战	小康	雨	友谊	忠诚
amolar	出牙齿	牺牲	手镯	耳语	削尖
aguol	平价	无效的	饶恕	那个	确切
ara	每个	圣坛	错误	帮助	哭喊
arado	路边	榆木	沟渠	耕作	紧急情况
arce	曲线	聪明	枫树	盾	牧场

对有些被试来说，他们并非意识到训练材料中的一些正确单词更经常地出现于一个位置上而非另一个位置上。下面我将限于讨论有关那些被试的记录。

我们可以分别计算被试在 1 号位、2 号位、3 号位、4 号位和 5 号位上选择单词的次数和在其底下画线的次数。我们这样做或者说是为了所有的反应，或者说是单单为了那些一开始个体并不知道的反应。在这类学习开始时，被试由于对 5 个单词中挑选哪一个单词心中无数，因此更经常地从一行词的开头部分挑选单词。这样一来，在选择 4 号位和 5 号位单词的频率与选择 1 号位和 2 号位单词的频率达到相等之前会有许多次的尝试。我们在这方面首先确定一个频率的相等点（point of equality）。然后，我们考察在不知道这个点时对一些单词的反应，计算一下这些单词中有多少分别在 1 号位、2 号位、3 号位、4 号位

和5号位下被画线。我们把这些事实与被试在训练开始时的反应的类似事实相比较。被试ST在训练开始时对单词的安排情况毫无所知。她在1号位和2号位上画线的百分率是47%,而在4号位和5号位上的画线的百分率是30%。到了第16次尝试,经过训练以后,她在1号位和2号位上的画线频率与3号位和4号位上的画线频率差不多相等,但是对后者的奖励频率要高得多,此后她在1号位和2号位上的画线百分率只有23%,而在4号位和5号位上的画线百分率上升至65%。为什么她在4号位和5号位上画线的倾向性强度增加了一倍,而在1号位和2号位上画线的倾向性强度却减少了一半呢?

这不可能是频率问题,因为至此为止她在1号位和2号位上已画线1209次,而在4号位和5号位上仅画线1174次。可以想象,她首先尝试1号位,然后尝试2号位,如此继续下去,直到选对为止,由此形成一个形式系统,但是对其记录的检查表明情况并非如此。她确实喜爱1号位和2号位,可是并非以独特的或系统的方式。最合理的解释是她已经获得了这样一种倾向(tendency),虽然对此倾向她一无所知,但却朝着该行词的右端即在4号位和5号位上进行选择和画线,因为这样做得到了实验者宣布为"正确"的奖励,4号位为25%,5号位为30%,与之相比,1号位为10%,2号位为15%。连续的"正确"不仅加强了在如此这般的特定单词下画线的倾向,而且也加强了在4号位和5号位单词下画线的倾向。

在训练以前和训练以后,用类似的测验空白表格对8名被试进行测验,空白表格上含有100个不同的西班牙语单词。在1号位上画线的平均数从28降到19;而在5号位上画线的平均数则从 20 上升至 21。对于这种变化，最合理的解释是，它再一次表明由于满意的后效而加强了选择并在某些位置下画线的倾向。事实确实如此，在训练结束时，4 号位和 5 号位的画线发生率已超过了 1 号位和 2 号位的画线发生率。但是，下述的实验表明，没能产生满意感的选择和画线频率很少或几乎没有力量增强该情形中的联结：让 11 名被试在与上述一样的行列中从 5 个单词中选择出一个正确的词义并在其底下画线，但是在训练以前和训练以后他们在每行词的正确词义后面写上 C，并在残缺不全的字母组成的单词下面画线。在这个实验中，正确词义的发生率在 1 号位、2 号位、3 号位、4 号位和 5 号位上是相等的，可是，1 号位中字母残缺的单词发生 80 次，2 号位发生 120 次，3 号位发生 160 次，4 号位发生 200 次，5 号位发生 240 次。由于字母残缺的情况容易发现，因此在每一位置上的画线发生次数每人接近 80、120、160、200 和 240。由于不再宣布"正确"或"错误"，所以在这次训练以后，4 号位和 5 号位的画线发生率不再比训练以前更高。

有关满意程度对位置选择和画线的影响的其他一些实验证实了用西班牙语单词所做的这些实验。

另一种类型的实验如下：

> 任务是为每个句点填充一个字母，以便使如下所示的字母残缺的单词完整起来。
>
> ab..
> c.ap
> d.ve

g..de

gen.s

总共使用了 250 个单词。首先,练习 10 个单词;然后测验 40 个单词;接着用 160 个单词进行训练,重复 14 次或 14 次以上;然后测验 40 个单词,它们在最初的测验或训练中未曾用过。2 次共 40 个单词的测验都从 80 个单词中随机选择,以保证在一切基本方面实质性的相等。在开头的练习和最初的测验与最后的测验中,不再宣布"正确"或"错误",但是在训练期间则作了这类宣布。实验者按下述指令操作:

向被试提供一支铅笔,并且说,你应该像先前一样填充字母以便完成单词,但是只有某些单词将被认为是正确的。有些字母尽管可以构成一个真正的单词,但我仍宣布它是填错了。你在开始时不会知道我究竟根据什么理由宣布某些填充正确而某些填充错误。你可能永远也不会知道。随着实验的进行,你可能开始知道这一点,也有可能仍然不知道这一点。如果你有所领悟,那就记在心中,但对其他人必须保密。除了我们正在进行实验以外,不要去考虑这些填充的事情。然后,开始从第一个词填充到第 160 个词,当在第一个句点上填充一个正确字母并构成一个真实的单词时,便宣布"正确"。当在第一个句点上填充了除正确字母以外的任何字母时,便宣布"错误"。如果在 5 秒钟里没能完成一个填充作业,便说"现在做第……号词"(即下一个填充)。

在训练期间宣布"正确"和"错误"的依据是:a 后面的句点上必须填字母 v,b 后面的句点上必须填字母 l,c 后面的句点上必须填字母 h,如此等等。d 后面填 i,e 后面填 a, f 后面填 u,g 后面填 r,h 后面填 o,i 后面填 n,l 后面填 o,m 后面填 i,n 后面填 u,o 后面填 v,p 后面填 u,r 后面填 i,s 后面填 t,t 后面填 i,u 后面填 t,v 后面填 e,w 后面填 r。

共用了 8 名被试,其中 5 名到最后测试时或多或少学会了宣布"正确"和"错误"的依据。下面我们对这些人不予考虑。但是,有 3 名被试,根据他们训练中的记录,根据他们对下列问题 1 和问题 2 所做的否定回答,以及对问题 3 所做的肯定回答,表明他们对宣布"正确"和"错误"的依据一无所知。

1. 在填充字母以便完成单词的学习中,你是否认为句点前的最后一个字母后面必须填充某个字母?如果这样认为,那么你认为在下列每个字母后面必须填哪个字母?

  a.. d.. g.. l.. o.. s.. v..
  b.. e.. h.. m.. p.. t.. w..
  c.. f.. i.. n.. r.. u.. y..

2. 在结束时的测试中,你是否有意识地试图填充正确的字母?

3. 你是否在结束时的测试中填进任何能够构成单词的字母?

在训练前的测验中,这 3 名被试分别填对了 11 个、9 个和 8 个字母;可是在训练以后的测验中,分别填对了 18 个、19 个和 10 个字母。3 名被试填充字母的正确数前后之比平均提高了 6.3 个,大约是可能的错误发生率的 5 倍。

现在正在进行的一个实验是去发现训练期间正确反应的较高频率是否对增强下列倾向产生相当的影响,即写出 v 作为对 a 的反应,写出 l 作为对 b 的反应,写出 h 作为对 c 的反应等等。看来,存在着这样一种可能性,即大多数增强都是由于伴随着这些联结而出现的令人满意的"正确"。

以同样宽度剪下纸片,但长度不同,从 3 寸到 12 寸,留出 1/4 寸的空间。共有两组纸片:一组为测试组,其中包括每种长度的数目相等的纸片;另一组为训练组,包含 73 张纸片,其中常见的是长度为"7"和"0.25"的纸片。

训练组纸片长度的构成:每种长度的发生次数								
3	2	5	2	7	9	1	11	1
3.25	2	5.25	1	7.25	9.25	4	11.25	4
3.5	2	5.5	2	7.5	9.5	1	11.5	1
3.75	2	5.75	1	7.75	9.75	1	11.75	1
4	2	61	8	10	2	12	1	
4.25	4	6.25	4	8.25	10.25	1		
4.5	1	6.5	1	8.5	10.5	1		
4.75	1	6.75	1	8.75	10.75	1		

该实验的目的是想了解,当其他条件相同时,是否会形成以"7"开头或以"0.25"结尾的带有偏爱性质的反应。对 6 名被试先用测试组纸片进行测试,然后以下列方式用训练组纸片进行训练:向被试出示一张纸片;被试估计纸片长度直到最小误差为 $\frac{1}{4}$ 寸(0.25 寸);然后将纸片从视野中移开,由实验者宣布"对"或"错"。

实验结束后被试回答下列问题:

1. 当你正在学习估计白纸片的长度时,是否有任何长度在你看来出现得频率特别高?

2. 如果是这样的话,它们是哪些长度?

3. 在训练结束时的测验中,你是否有意识地偏爱这些长度?

他们的回答是这样的:

	问题1	问题2	问题3
M	是	6.5、7、7.5	是
N	是	7.25	是
P	是	11.25	否
R	否	……	否
RO	是	3	否
Sp	是	5～8	否

M 和 N 两名被试有点意识到 7、7.25、7.5、7.75 有较高的出现频率。看来,无人意识到"0.25"长度具有较高的出现频率。

我们首先要询问的是,在偏爱 7、7.25、7.5、7.75 和偏爱 4.25、5.25、6.25、8.25、9.25、10.25 的练习中,是否存在错误判断方面不断增强的倾向性。我们把第一批 4 个系列和第二批 4 个系列与倒数第二批 4 个系列和最后 4 个系列作了比较,并询问那些实际上为 6.5、6.75、8 和 8.5 的纸片在多大程度上被误判为 7、7.25、7.5 或 7.75。①

---

① 被试 R 只有 14 个系列,所以我们在她的个案中只用开头 4 个系列和最后 4 个系列。

我们得到如下结果：

把 6.5、6.75、8 和 8.25 误判成 7、7.25、7.5 或 7.75

	第一批	第二批	倒数第二批	最后一批
M	6	7	10	10
N	4	6	10	12
P	7	6	6	7
R	5	5*	7*	7
RO	5	7	7	6
Sp	7	8	8	6
合计	34	39	48	48

对 6.5、6.75、8 和 8.25 的其他误判

	第一批	第二批	倒数第二批	最后一批
M	14	12	2	4
N	16	11	6	4
P	12	12	10	11
R	13	13*	10*	10
RO	12	6	5	8
Sp	11	8	7	5
合计	78	62	40	42

* 为估计数。

由此可见，将 6.5、6.75、8 和 8.25 误判为 7、7.25、7.5、7.75 的百分比在最初系列中为 30 和 39，在最后系列中为 55 和 53。可是，如果将 M 和 N 两名被试除外，那么差别还会小得多，百分比变成 33、40、47 和 43。

我们还要询问，最后系列比起最初系列来，实际上长度为 4 的纸片被误判为 4.25 而不是 3.75，前者发生的频率高多

少？实际上长度为 4.5 的纸片被误判成 4.25 而不是 4.75，前者发生的频率高多少？同样还有长度为 5.25、6.25、7.25、9.25 和 10.25 的纸片。我们在第一批 4 个系列中，第二批 4 个系列中，倒数第二批 4 个系列中和最后 4 个系列中找到了这些结果。

$\frac{1}{4}$ 寸"朝着""0.25"长度的误判

	第一批	第二批	倒数第二批	最后一批
M	1	10	22	19
N	5	11	14	24
P	5	18	15	7
R	3	3*	10*	10
RO	1	6	28	15
Sp	1	3	2	2
合计	16	51	91	77

$\frac{1}{4}$ 寸"背离""0.25"长度的误判

	第一批	第二批	倒数第二批	最后一批
M	1	4	0	0
N	4	17	13	12
P	3	16	9	6
R	10	10*	16*	16
RO	3	9	4	6
Sp	4	4	0	4
合计	25	60	42	44

* 为估计数。

朝着"0.25"长度误判的百分比在最初系列中为39和46，可是在最后的系列中为68和64。如果将被试N除外，那么相应的百分比为41、48、73和62。

于是，证据表明，在练习结束时，被试获得了偏爱"0.25"判断的倾向，尽管他们并未意识到这一点。

另一组实验表示如下：

  训练被试去估计74块各种形状的卡片纸板中每一块的平方寸数，这些纸板大小为10平方寸、11平方寸、12平方寸、13平方寸、14平方寸等。在被试面前放置3种尺寸的卡片纸板(10、25和50平方寸)。实验者出示74块中的一块；被试报出他的估计数；于是，实验者抽回纸板，将估计数记录下来，并宣布"正确"或"错误"。这样继续下去，直到整个系列(以随机顺序排列)都展示完毕并被作出判断为止。在从第10次到第20次的尝试中，每次都以随机顺序这样做。

这个系列在某种尺寸上占据数量较多，但其他一些尺寸则很少。

例如，从26开始的尺寸出现频率如下所示：

26 发生 1 次	33 发生 1 次
27 发生 1 次	34 发生 1 次
28 发生 6 次	35 发生 9 次
29 发生 1 次	36 发生 1 次
30 发生 2 次	37 发生 1 次
31 发生 7 次	38 发生 1 次

32 发生 1 次　　　　　39 发生 1 次

表 13　判断面积中被试 L 的记录

反应	开头两轮中的发生数	最后两轮中的发生数*	中间轮次中的全部发生数	中间轮次中的正确次数
28	3	5	12	4
31	1	1	8	5
35	5	3	49	42
27	3	1	12	4
29	0	1	9	1
30	12	10	57	6
32	7	6	41	5
34	2	0	5	1
36	$\frac{3}{(36)}$	$\frac{0}{(27)}$	17	3
偏爱的 3 种纸板合计	9	9	6951	
不偏爱的 6 种邻近纸板合计	27	18	14120	

* 不包括正确反应的发生数,这可能是由于与特殊形状纸板的特殊联结所致。

下面我们只考虑整个系列中这一小部分的反应。

我们把被试在开始时(开头两轮)的错误反应与他在最后两轮(或第 19 轮和第 20 轮,在被试的训练超过 20 轮的情况下)中的错误反应相比较。我们还记录了每一种反应(正确的或错误的)在中间轮次(intervening rounds)中的发生频率。

于是,我们拥有了像表 13 所示那样的有关每名被试的事实。这些事实告诉我们哪些倾向从训练时起变得更强,以及它们是否是最为频繁地发生的倾向,或者说它们是否具有最为令人满意的后效。表 13 显示,69 次发生数中得到 51 次(宣布正确的)奖励比起 141 次发生数中得到 20 次奖励,前者在增强(这

里防止了弱化)对某些尺寸作出反应的倾向方面具有更大的影响力。前者的变化从 $\frac{9}{36}$ 或者25%到9/27或33%,后者的变化从75%到67%。

对5名被试来说,没人报告说意识到在该系列中28或31或35比任何其他尺寸出现得更频繁。总计表明,28、31和35的增强在539次发生(其中包括246次正确)中百分比从20%提高到39%;而27、29、30、32、34和36的弱化在708次发生(其中包含69次正确)中百分比从80%下降到61%。

这种实验可以通过使用下述系列而变得更加确定:

20 发生 1 次　　　31 发生 6 次
23 发生 6 次　　　32 发生 1 次
25 发生 1 次　　　34 发生 6 次
27 发生 6 次　　　35 发生 1 次
30 发生 1 次

被试将选择的频率集中在20、25、30和35上面,这是由于心存疑虑时习惯上往往使用这些整数,但是,对23、27、31和34的反应将更频繁地产生令人满意的正确结果。这一对照比起我已经报道的实验会更加鲜明。

在每一种这样的实验中,除了被试试图形成并知道他正在形成的联结以外,还存在第二种联结(second connection)或第二组联结。这是被试并不试图形成的联结,原因在于他实际上不知道它们是什么,在大多数情况下甚至不知道存在这样的联结。

与学习选择正确词义在一起的是这种潜隐的学习(hidden learning),即选择一行词的右端的词。与填充残缺字母以便迅速学会完成单词在一起的是,被试无意识地学会了 a 后面填充 v,b 后面填充 l,c 后面填充 h,如此等等。与学习某些特定纸板形状的面积在一起的是,被试学会了更偏爱某些尺寸而并未意识到他正在这样做。

这些实验必须精心设计和操作,因为如果第二种学习不能充分潜隐的话,被试就会意识到它。如果第二种学习发展到使这些联结获得许多强度的程度上,那么可能由此意识到自身的存在。由令人满意的后效开始的一个联结的直接的无意识增强可能会发展成一种习惯。这种习惯吸引被试的注意,并成长为得到判断支持的行动准则。

当后面一种情况发生时,就实验的价值(作为一种联结后效的直接潜力的关键测试)而言,实验从总体上说已被破坏了。但是,它可能成为一种有价值的实验,以此表明顿悟(insights)不仅产生并指导习惯,而且还由习惯所产生。

在本讲的剩余部分,我将描述这类实验中的一种。将 100 张纸作如下安排:

  15 张不同形状的纸,但都呈狭长状,其中 5 张的面积为 19 平方寸;5 张为 29 平方寸,5 张为 39 平方寸。

  15 张不同形状的纸,但都呈矩形;其中 5 张为 21 平方寸;5 张为 31 平方寸;5 张为 41 平方寸。

  15 张不同形状的纸,都呈矩形,但切去一角。5 张为 24 平方寸;5 张为 34 平方寸;5 张为 44 平方寸。

  15 张不同形状的纸,都呈矩形,但顶部加一个三角形。

其中 5 张为 22 平方寸,5 张为 32 平方寸,5 张为 42 平方寸。

15 张不同形状的纸,都呈矩形,但一侧切去一个三角形。3 组各 5 张纸的面积分别为 16、26 和 36 平方寸。

15 张不同形状的纸,但都呈三角形。3 组各 5 张纸的面积分别为 18、28 和 38 平方寸。

10 张不规则形状的纸,尺寸分别为 17、20、23、25、27、30、33、35、37 和 40 平方寸。

这些纸片由实验者每次出示一张,要求被试对面积的平方寸数进行估计;然后实验者将纸片撤回,并由他宣布"正确"或"错误"。

我们将跟踪被试 Br 的历史。她是一位很具天赋的大学四年级学生,在共 14 轮的尝试过程中完全了解了狭长的纸条始终是 19、29 或 39,以及该系统的其余部分。在第 1 轮尝试中她的正确反应如下:

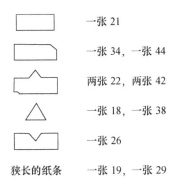

在第 2 轮尝试中,除了有 V 字形凹口的纸条(26)和大三角形(38)判断正确外,对其余同样形状的纸条来说,她的判断都不

正确。但是，她对其他形状的纸条都判断正确，尤其是中等大小的三角形，还有3个大三角形；在5个大三角形中答对了4个。

  在一般的估计过程中，这种情况也许不会作为一种机遇的成功系列出现。它不是一种定义完善的观念的结果（这种观念认为一切大三角形可能都是38平方寸）和对这种观念的一个尝试。因为在接下来的三轮中，第5只大三角形被分别判断为40、37和41平方寸，而不顾用38平方寸作为判断曾取得5次、9次和13次的成功。只有在17次的成功以后，包括所判断的最后20个大三角形中的16个，她才对所有大三角形一致使用38平方寸的判断。在第二轮中，她对大三角形面积的判断，5个三角形中有4个成功，这也许是由于"大三角形→38平方寸"这个联结的尝试和成功而导致的不完全学习的结果。

  在第5轮中，在对大三角形作了38平方寸的判断而获得17次成功以后，一个中等尺寸的三角形被判断为38平方寸。在第6轮中，另一个中等尺寸的三角形也被判断为38平方寸，而在第7轮中，在对大三角形作了38平方寸的判断而获得22次成功以后，除了该系列中的最后一个以外，其余每个中等大小的三角形都被判断为38平方寸。这种把明显小于38平方寸的中等大小的三角形反复判断为38平方寸的坚持错误的反应，恰恰是由于有意或无意地把38和一个三角形便利地联结起来了。这充分表明了在高级心理的思维中习惯、推理和偏见的混合。

  在下一轮（第8轮）中，Br对上述坚持错误反应的行为采取了将功补过的行动，她把每个小三角形估计为18平方寸，把每个中等三角形估计为28平方寸。以前她只在35个三角形中对一个作出过这样的估计。三角形面积都以8结尾的假设被构想

出来,大胆地尝试,并始终被采纳。由此,没有哪个三角形能被遗漏。也许经过中等三角形不是 38 平方寸的 4 次错误的痛苦学习,暗示着它们都是 28 平方寸了。

随着对三角形作出反应的继续,被试 Br 也在以下的顿悟上取得了进步,即一切长而狭的形状都是 19、29 或 39 平方寸。但是,在这情形中过程有所不同。在开头 4 轮中,她不过是用尺寸大小来一般地估计,从而在 60 次判断中有 4 次正确,没有一张纸条能被两次判断正确。在第 5 轮中产生了一个跳跃,15 次判断中有 5 次正确,5 次判断中有 3 次是 19 平方寸,也即指小的狭长形纸条。在第 6 轮中,与上面同样的 3 个 19 平方寸再次被判断正确,还有 3 个被估计为 29 平方寸。在第 7 轮中,同样的 7 张纸条又一次判断正确,外加两张 39 平方寸。其中两张大的狭长条子被判断为 29 平方寸。在第 8 轮中,所有小的纸条都被判断为 29,两张大的为 39,还有其他 3 张为 29。对三角形作出估计的经验并未防止对尺寸的同样忽视。但是,在同一轮中,两次成功地运用 39 和失败地运用 29 已经够了,从而在第 9 轮开始时,一切狭长的形状都根据其大小被正确地判断为 19、29 或 39。包括 60 次反应的全部 4 轮判断已被要求发展和建立起从第 5 轮开始出现的顿悟。

在有 V 形凹口的矩形例子中,其过程也是颇有启发性的。学习是渐进的。在连续的尝试中,15 张纸片中判断正确的数目为 1、1、3、3、1、4、7、9、10、15、13、15 和 15。在第 7 次尝试中,尽管此时大三角形都已被判断为 38 平方寸,尽管在开头 6 轮中对中等大小有 V 形凹口的矩形有 10 次成功的判断,尽管在第 7 轮中开头 3 个被很有把握地判断为 26,可是最后两个仍未判断正确。在第 8 轮中,被试掌握了 26 这个数字,但是把该原则扩展至小的和大的有 V 形凹口的矩形中,直至第 10 轮方才充分达到。这是在所有三角形都已掌握的 2 轮以后和所有狭长形状都已掌握的 1 轮以后的事了。

切去一角的矩形和普通矩形是通过一次尝试和迅速证明有希望的假设而在第 10 轮和第 11 轮里被习得的。

一侧加上三角形的矩形仅仅在第 14 次尝试中被习得。这种滞后现象是由于下列事实:被试 Br 在第 7 次尝试中开始对有 V 形凹口的矩形和一侧加上三角形的矩形使用以 6 结尾的估计数字,该数字一直用到第 12 次尝试为止,尽管只在有 V 形凹口的矩形,并且在将 6 用于一侧加上三角形的矩形遭到 45 次失败以后方才认识到这一事实的。她在这个情形中的行为极像一名商人由于赢利丰厚而对其商业过程中总的缺陷视而不见。她在两种形状的判断中都获得成功(从 6 次到 7 次到 9 次到 10 次到 15 次成功),因此"对已经满意的事便甭多管了"。

仅仅从联结中引申出来的观念或假设,通过成功的使用和预言而得到证明,通过好的和差的类比(analogies)而得到扩展,以及在面临所需的实验被忽视这一事实时保持了不恰当的风俗或偏见,所有这些都在习惯和顿悟的混合中运作着——所有这些都反映在这个简单的实验之中。

第六讲

可认同性，可获得性，尝试和系统

我提请各位注意，在本讲中有 3 组关于学习的事实。它们是重要的，但可以简要地用描述(description)、证明(evidence)和理论加以讨论。第一组事实涉及一种情境(situation)的质量和一种反应(response)的质量，前者易于把某件事物与该情境联结(connection)起来，后者易于把该反应与某件事物联结起来。

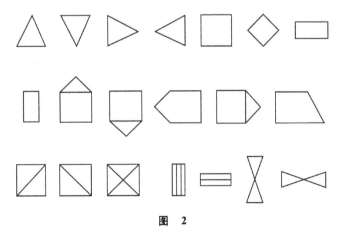

图 2

考虑一下这两种学习活动,首先,将图 2 所示的 20 种形状中的每一种形状与 1～20 的数字联结起来;其次,将图 3 所示的 20 种形状中的每一种形状与数字 101～120 联结起来。这样一来,在每一种情形里,一个人便知道一种形状是特定的 20 种形状之一,必须用特定的数字之一加以反应,如此才能讲出哪个数字与它相属(belongs to)。前面一种学习是容易的。如果引导某人就每种形状说出正确数字若干次,意识到每种形状和数字的相属性以及对此问题的适度的可接受性(acceptability),那么他肯定会知道许多,也许是全部。或者如果要求他去猜测,并对他的猜测给以"正确"或"错误"的评价,那么他肯定在 20～30 次尝试中会取得进步,并掌握全部或几乎全部的联结。

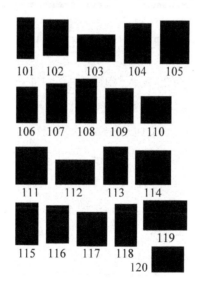

图 3

可是,后面一种学习是困难的。进步缓慢,在正确联结重复 100 次的情况下,也许还不会达到掌握的程度,或者,用宣布"正确"或"错误"来进行猜测,也不一定会达到掌握的程度。

图 4 （实际尺寸的 $\frac{1}{5}$）

对 6 名受过教育的成人用图 4 所示的一系列带子以及其他一些东西进行训练。整个系列包括长度不等的带子,有 3.5 寸、3.75 寸、4 寸、4.25 寸,如此等等,一直到 11 寸、11.25 寸、11.5 寸、11.75 寸以及 12 寸。每名被试所做的反应不是报出数字 1～20,而是说"3.25"、"3.5"、"3.75"、"4"、"4.25"、"4.5"、"4.75"等等。这样会使该学习稍稍容易些。把一根面积为"18×24"的带子放在被试面前的绿色吸墨水纸上;他作出反应;然后移去带子;实验者宣布"正确"或"错误"。在开头 15 次尝试中,对长度为 5、5.25、5.5、5.75 寸的带子报出的长度结果如下:在连续尝试中,正确数(在 24 次报数中)为 1、1、6、1、2、4、2、3、7、4、6、2、3、7、5。在长度范围为 3 寸的一些组里,我们获得了 76 次报数中有 8、7、12、12 和 15 的正确数。

图　5

　　还要考虑的是，首先，学会把图5所示的12种形状中的每一种形状与A、B或C相联结；其次，把图6所示的12种形状中的每一种形状与D、E或F相联结。

　　前者是容易的。你们也许已经学会了，并能为图7所示已经改变顺序的系列提供正确的字母。后者是困难的。如果你们重复图6所示的正确联结10次，然后用图8对自己进行测试。图8已经将图6的形状顺序打乱了，结果你们中间极少有人能对12种形状全部回答正确（正确的反应是F、E、F、E、D、D、F、D、E、D、E、F）。

　　第2种任务与第1种任务相比有着更大的难度，第4种任务比第3种任务有着更大的难度。它们都说明了一个原则，我把它称之为情境的可认同性（identifiability of the situation），也就是说，当其他条件相等时，只要该情境可以与其他的情境相区别和能够认同，那么联结便易于按比例地形成，这样，你脑中的神经元就可以掌握和容纳这种联结，与这种联结一起作用，或者对这种联结发生作用。

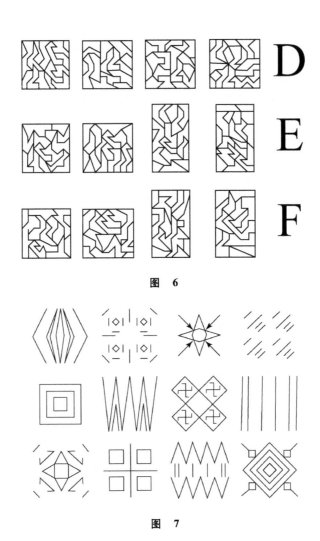

图 6

图 7

一种情境的可认同性随着大脑对问题的思考而不同。图 2 的形状对我们来说容易认同,但对狗来说可能就难以捉摸了。反过来,狗对气味很容易辨别和掌握,但对我们来说,却是难以捉摸的了。对于训练有素的音乐家的神经元来说,它们对于和音与音色就像我们对于单词一样容易认同。

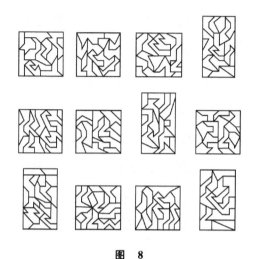

图　8

学习作为一个整体,既包括情境的可认同性的改变,也包括将情境导向反应的联结的改变。这些改变有两种值得注意的变化。首先,有些难以认同的情境,诸如长度、面积、重量、亮度、温度、健康状况、智力等等的各种数量或程度,可以借助量表(scales)的测量(无论是天然的还是精制的)而得到认同。其次,难以认同的一些情境的组成部分,诸如一些隐蔽的性质或特征,可以通过分析而使其突显,可以通过将注意力专门对准它们而得以认同,可以通过各种伴随物(concomitants)和对照物(contrast)而使这些组成部分得以认同。这些结果对学习有极大的重要性,尤其对人类的学习来说具有极大的重要性。时间、数字、长度、容积、重量、颜色、质量、密度、力量、热量、光度、分子、原子、名词、动词等等的东西,在我们能够有效地了解关于它们的实际情况之前,必须使它们可以认同。在学校学习中未能成功往往是由于大脑未能适当地把握住反应依附于其上的情境。

现在,让我们来考虑一下反应的可获得性原则(the princi-

ple of availability or get-at-ableness of the response），也就是说，当其他情形相同时，只要反应可以获得，可以招之即来，联结便可以容易地按此程度来形成。这样一来，个体可以随意地拥有它或形成它。让我们来比较一下这样两种学习情形：首先，闭起双眼，用手快速推动，画一条5寸长的线（也即画4.75寸和5.25寸之间的线），以此作为对声音C这一情境的反应。与此相类似的是，触摸你的鼻子、右眼、右耳和上唇，作为对声音G、H、I和J的反应。由于你坐着，因此手始终从你的右膝举起。

第一类反应是很难学会的，你可以让某人在一块刻有数寸和$\frac{1}{4}$寸的垫板上对你进行测试，你的手部动作始终从左边开始，然后在每次画线动作后听到"正确"或"错误"的结论。通过测试，你会发现这一任务很难完成。第二类反应就较容易。经过10次或11次尝试，尽管F、G、H、I、J的顺序有了变化，但你仍然可以做到完全正确或几乎完全正确。

从膝部把手举起，向右耳、右眼、左眼、鼻子或上唇移动，以便作出一种反应，尽管这种反应与画出近似3寸、4寸、5寸、6寸和7寸的线相比更不简单，但却易于达到。你的大脑知道干些什么，以便让你的手接触到鼻子；无论何时，只要你这样说，你的手便可以这样做；对此反应，你可以招之即来，并将它与可认同的情境联结起来。但是，你的大脑不知道该做些什么，以便使你的手移动铅笔直到画出近似于5寸的线条长度。即使你这样做了，并得到若干次宣布为"正确"的奖励，你的手在操作中仍不能保证正确无误的画出所需的线条长度。你可以迅速地学会在情境C时发出画5寸的命令，在情境A时发出画3寸的命令，在情景B时发出画4寸的命令，在情境D时发出画6寸的命令，在情境E时发出画

7寸的命令,但是,发出命令不等于出现动作。这里,困难不在于没将反应恰当地与 A、B、C、D 和 E 相联结,而在于获得所有这些反应,以便你能够将它们与任何事物联结起来。它们不是可以轻易地招之即来的,或者说它们不是可获得的。

由于反应的不可获得性(unavailability)而导致的学习缓慢可以用下列实验来说明。

让被试就座后,将其双眼蒙住,台子对面坐着实验者,在被试面前放一块制图板,板的左边钉一条 2 寸宽的三夹板条,以便一张截面为"16×21"的纸可以在三夹板条与制图板之间滑动,然后用 2~3 枚平头钉把纸固定在制图板上。三夹板条为所有的线条充当一条固定的起始边线。在纸上面用铅笔画线,从而使得实验者能够轻而易举地讲出从作为零点的板条画出的任何线段的长度。

向被试发出指令,要求他去画出若干条具有一定长度的线条。这些线条都从左边的三夹板条出发。被试在画出线条之后等待得分,然后画下一条线。要求被试用连续、迅速的动作画每一条线。

训练被试去画 3 寸、4 寸、5 寸和 6 寸的线条。单一长度的线条的连续重复数在 4~8 次之间变动,各线条长度相继出现的顺序是随机的,整个系列有 600 种长度,其中每一长度有 150 种。用此系列对 24 名被试进行测试,但不宣布"正确"或"错误"。然后,用同样系列对他们进行训练,凡是画 3 寸的线条误差不超过 $\frac{1}{8}$ 寸时,就宣布为"正确",同样,画 4 寸、5 寸或 6 寸的线条,凡误差不超过 $\frac{1}{4}$ 寸时,都宣布为"正确"。训练持续了 7 个

工作日,从而每种长度约有1050次尝试。

不可获得的反应可以分为两类。第一类反应包括那些无法作出的反应,就像大多数人无法转动自己的耳朵那样(除了经过特别的训练以外)。第二类反应包括这样一些反应,尽管我们经常作出这类反应,但却无法控制,例如打喷嚏或者画一根恰好等于4寸长的线条。许多技能动作的学习是通过对学习对象作出反应和按指令作出反应来将第一类反应改变成可获得的反应。还有一些学习是通过将第二类反应与可获得的线索或信号相联系来使第二类反应具有更大的获得性。

我们准备考虑的第二组事实涉及联结的特征。这些特征将联结和有目的思维(purposive thinking)、问题解决等联系起来。

一个十分常见的联结类型是,情境产生了做无论什么事都是为了适应于获得某种结果的反应。例如,在一个人的家里,召唤用餐可以根据一个人或站或坐而产生不同的初始动作,也可以根据一个人相对于餐厅而言他在什么地方而产生不同的中介反应(intermediate responses)。联结不是从召唤用餐到任何动作或全部动作,而是从召唤用餐到做那种适于进入某个地方的反应。联结可能在这样一些情形里牢固地固定下来,并且仍与大量的尝试、错误和成功保持一致。例如,对于一名想抽烟的男子来说,"我嘴里有一根雪茄"的情境与"点燃它"强烈地联结着。但是这种简单的联结可能涉及在寻找火柴时的尝试和成功,在点燃雪茄的动作选择中的尝试和成功,在朝着雪茄一端的临时运动中的尝试和成功,以及在合适的地方得到雪茄的最后顺应(adjustments)中的尝试和成功。这些附属动作中有些动作也许不会在联结中固定下来。

因此，甚至在生活常规中，也存在反射类型和各种反应与尝试和成功选择的联结链的混合（mixture of chains of connections）。在这些常规联结中，有许多联结是从一个情境到达一个指令再到达某种目标，而不是从一个情境达到一种特殊的行动或观念或诸如此类的系列。

此外，我们可以充分地相信，在大脑中，对我们来说似乎十分固定的联结可能涉及复杂的反应和选择的相似混合。当一个人流利地重复字母表 A、B、C、D、E 等等的时候，他的神经元可能在每一步上都尝试若干活动。凭借它们的结果来拒绝一些活动而保持另一些活动，以便作出选择。我们知道，甚至最固定的联结，像导致膝跳反射（knee jerk）那样的联结，都是多少可变的。我们还知道，在一个简单的联想或反应中，电流通过所需的时间比起一个神经元中沿特定的距离做不受干扰的传递所需的时间，前者需要更多的时间。人们普遍假定，这个超出的时间在穿越突触（synapses）的通道时被用掉了。但是，这个时间可能在采纳其中一条通道之前尝试若干通道时被部分或全部用完。

在这个混合联结和选择过程的另一端上存在这样的情况，处于一种情境和达到一个目标之间的联结可能需要数百种附属的联结和选择活动，而且有若干分钟不可能达到。原先的情境或多或少地作为心理定向（set of the mind）的一个特殊部分保留着，从属于这一心理定向，联结链和来自复杂反应的选择由此发挥作用。例如，一名男孩面临这样一种情境：求出 435×721 的积。他通过下述方式对该情境作出反应，也即用若干精心设计的程序中任何一个程序进行运算，涉及许多附属的情境和反应。求出 435×721 的积，不仅使他在第一步开始写下 $\times \frac{435}{721}$ 或

$\times\begin{array}{r}721\\435\\\hline\end{array}$,而且还在联结的剩余时期继续作为一种渗透的成分和控制因素保留着,直到达成这样一种状况,即宣布达到了所需的结果,并要求他将心思转向其他事情。

第三组事实涉及构成联结或连接或联系或联想习惯的倾向,对此,我已经在附属于某种逻辑系统和常规系统的心理生活的基本动力特征(fundamental dynamic features)方面阐释过。

把被试 S 和被试 H 在一个实验中的记录进行对照。在该实验中,每人接受一张测验纸(如下所示)并被告知按纸上的指令办事。

被试的实验记录要求

将 I 行抄 3 遍。然后把它写下来,在 5 个符号的每个符号上加上一笔或二笔。别去想你打算加什么笔画,就按照你想加什么就加什么。

I.

写下 II 行的字母,并在这些字母中的每一个字母旁加一个字母。别去想你将加什么字母,就按照你想加什么字母就加什么字母。

II.

写下 III 行和 IV 行的单词,在每个单词后面再添加一个单词。别去想你打算加什么单词,只要加上你头脑中想起的第一个单词就行。

Ⅲ

害怕（afraid）

面包（bread）

冷（cold）

亲爱的（dear）

在……里面（in）

长的（long）

针（needle）

不（no）

Ⅳ

在……上面（on）

结果（result）

慢（slow）

酸的（sour）

第十（tenth）

希望（wish）

工作（working）

你的（yours）

被试 S 的记录

bc fg jk om qr ws

Ⅲ

害怕　（被试所写字迹模糊）

面包　黄油（butter）

冷　暖（warm）

亲爱的　朋友（friend）

在……里面　在……外面（out）

长的　短的（short）

针　缝纫（sewing）

不　是（yes）

Ⅳ

在……上面　在……外面（out）

结果　（被试所写字迹模糊）

慢　快（fast）

酸的　酸（acid）

第十　第十二（twelfth）

希望　长久（long）

工作　休息（rest）

你的　我的（mine）

被试 H 的记录

bo fi jo on qu wi

Ⅲ	Ⅳ
害怕　感到（afraid of）	在……上面　准时（on time）
面包　和……（and）	结果　结果的（result of）
冷　天气（weather）	慢　运动（motion）
亲爱的　朋友（friend）	酸的　葡萄（grapes）
在……里面　夏季（summer）	第十　戒律（commandment）
长的　信（letter）	希望　对于（for）
针　尖（point）	工作　在这里（here）
不　用（use）	你的　忠实的（truly）

尽管在写了字母 b 后面决不会接着写 c，写了字母 q 后面几乎总是写 u，但是被试 S 偏偏写了 bc 和 qr。可以说，他显然摆脱不了字母表体系的影响。尽管"冷暖，里外，长短，否，你的我的"在听、说、写或其他场合很少成为暂时的联结（temporal connections），而"像……一样冷，在……内，长途骑车，别谢，你的忠实的"在日常生活中使用很普遍，但被试 S 却写了前者，后者一点也没有写。

在这个实验中，被试 S 受到各种体系的控制。另一方面，被试 H 却在很大程度上受到更为简单的习惯联系的控制。他写了 bo、fi、jo、on、qu、wi，也写了"感到害怕，面包和……，冷的天气，亲爱的朋友，在夏季里，长信，不用"等。

我们可以给Ⅲ行和Ⅳ行中的反应评分。按照反应是否表现出简单的直接联想的确切证据打 1～5 分（例如给"感到害怕，在……顶上，不——先生或你的忠实的"打 1 分），或者给看来似乎表现出直接联想的打 2 分，或者给看来有些怀疑的打 3 分，或者给可能受到某种体系的影响的结果打 4 分，或者给几乎肯定受到某种体系的影响的结果打 5 分（像"害怕黑暗，害怕惊吓，害怕恐惧,冷热,冷冰,你的我的")。

对一组大学生进行这一实验的结果表明,纯属习惯的得16分,差不多纯属体系的则得76分。主要倾向是,在16个反应中有9个或10个是属于习惯的,有7个或6个是属于体系的。

应当指出的是,这两种影响在作出反应的个体的心目中无须而且一般也不会显示出不同。同一个人在1分钟里可能会交替选择纯粹的联想或纯粹的体系达2次或3次之多。他可能在"慢—快"这种体系的影响和"你的忠实的"这种简单习惯的影响之间来回摆动,而丝毫不感到震惊或意识到对变化的热衷。

在大多数情形里,"慢"字上加上"快"字对被试来说似乎是自然的,甚至是习惯性的,如同在"你的"后面加上"忠实的"一样。在他看来,写出qr与他旁边那个人写出qu一样是不可避免的。

远离简单习惯的轨迹而偏爱一种或另一种体系的倾向是很强的,至少在心理学实验中被要求展示心理的被试的行为是这样的。例如,一种现有的实验是要求人们在听到一个特定的单词时说出或写出他们心中想起的第一个单词。由于肯特(Kent)、罗萨诺夫(Rosanoff)和其他一些人的工作,我们了解了在100个单词的标准词汇表中,作为对"害怕,冷,针"和其他单词的反应而发生的某些词的频率。大致说来,在这些实验中,没有人会说"感到害怕(afraid of 或 afraid that)",或"像……一样冷(cold as)",或"针和……(needle and)",或"酸葡萄(sour grapes)",或"希望去……(wish to)"。

例如,109名夏令学校学生参加了上述Ⅰ,Ⅱ,Ⅳ3行内容的测验,一天后又参加了肯特-罗萨诺夫的测验(这是一项团体测验,5秒钟内写出一个心中想起的词)。结果有71%的被试在听到"冷"以后写了"热",没有人写"像……一样冷"。如果他们在

前一天的实验中对习惯的序列(habitual sequences)没有形成预先倾向,那么在"冷"后面填写"热"的百分比也许还会更高些。"慢"后面写"快"的记录表明约占77%,但是却没有人在"慢"后面写"像……一样慢"或"慢下来"。"酸"后面写"甜"的占63%,但是写"像……一样酸","酸牛奶"和"酸葡萄"的百分比分别为0%、0%和5%。写"感到害怕","希望去……","希望……","像……一样长"和"面包和……"次数分别是0、0、1、0和0次。

我们可以通过某些刺激对倾向的效果来测量倾向的强度。为此,我们可以使用这样的指导语——"将心中想起的头2~3个单词写出来",以便诱导一个人的心理离开体系的联想。但是,这样做效果不大。在一个实验中,让40名被试写1个单词,让另外40名具有同样能力、兴趣和体验的被试写2个或2个以上的单词,结果表示简单联想的反应数没有很大改变。我摘引了被试在"甜,吹哨子,妇女,冷,慢,希望,河,白,美丽,窗子"这些词后面填写后续词的情况。

甜:像你,土豆,苹果,女毕业生,像糖一样

吹哨子:为这条狗,像一只鸟,用力地吹

妇女:

冷:冬天日子,像地狱一样

慢:像网球、乒乓球比赛终局前老是打成平局一样,叫姑娘们慢下来,让车子慢下来

希望:交好运,我在家,你是

河:流得慢

美丽:像妻子一样

窗子:

我们可以在一个刺激词前面放置一个冠词，像"一个"(a)或者"这个"(the)，或者放置介词，像"在……里面"(in)，以便使被试的注意力从事物的体系或特性那里移开，朝向习惯的简单联结。或者我们通过改变其形式，以便使被试的心理定向朝着词的普通联结。

在上述实验中，为另外40名被试提供下列刺激词，例如"这甜甜的，大声鸣笛，一个女人，很冷，是慢的，他的希望，深深的河流，更白，多美，我们的窗子"。我在下面引述的一些反应说明了直接联想的影响以及其他一些有关的事实。

甜甜的：东西(发生3次)；再会；姑娘。
"豌豆和土豆"出现次数从3次提高到10次；
"酸"从18次降低到4次。

大声鸣笛：火车的；声音(3次)；"吹"(Blow，7次)改为
"吹"(blow，2次)和"吹"(blow，5次)和
"吹"的过去式(blew)。

一个女人：朋友，叫喊(cried)，叫喊(cries)，憎恨者(2
次)，知道，玩，读，责骂，歌唱(2次)，微笑。

很冷：白天，牛奶，早晨，水，天气，风和冬季，出现次数
从3次到19次。

是慢的：像……，走，糖浆，去，今天，移动，工作。"快"
的填写次数从29次降为5次；"汽车，运动，
移动和走路"从2次增加到8次。

他的希望：来到(4次)，获得，去，是，做，给，去，是
(was，3次)。"欲望"和"愿望"从15次降
为2次。

深深的河流：床，流动(3次)，奔流。

更白：比起……(7次)，比雪(2次)。"黑"和"更黑"发生次数从20次降为2次。"雪"从3次增加到19次。看来，很有可能在这19次情况中有许多次是在心中想起"比雪……"。

多美：是(4次)，它，她(3次)，她是。"丑陋"的出现次数从16次减为1次。

我们的窗子：坏了，展现，开着，俯视。"门"和"玻璃"发生的次数从15次减为3次。

这些转变证明了简单的联结存在着并发挥作用。对于"更白"一词，坚持作"黑，更黑，更清洁，更暗"的反应证明了按照事物的体系和特性作出反应的倾向是十分强烈的。在联想测验中，这类体系的一些明显影响毫无疑问是由于被试想对实验者和他本人造成良好印象，以便通过一些处于某种逻辑关系之中的单词得到更大的满足，或者是由于其他一些相关的或合适的原因；但是，我对此不该赋予更多的权重(weight)。我的意见是，只有极少数情况下，被试才有意识地放弃简单的习惯而倾向于体系。我们也不该认为，我们在简单的联想和表现目的的体系之间已经作出的明显分离会在现实中始终保持。相反，简单联想的影响和各种体系的影响在我们的思维中混合，并密切合作。我上述所说的比喻"远离简单习惯的轨迹而偏爱一种或另一种体系"并不是一种愉快的比喻。思维运动的轨迹既由简单的习惯来形成，也由体系来形成。完全缺乏组织的单纯联结是极为少见的。另一方面，这些体系，从最低级的如字母表到最高级的如科学或哲学，其本身都是由联结建构而成的。

第七讲

关于心理联结的其他事实：
条件反射和学习

我们已经看到，某些反应（responses）由于时间序列（sequence in time）而与某些情境（situations）相联结，假如反应由"相属于"（belonging to）情境的心理（或大脑）来处理，假如两者之间的联结具有某种可接受性（acceptability）或摆脱了失宠（disfavor）状况，则上述情况就会发生。单是重复（repetition）或频率（frequency），从单纯重复时间相继的意义上说，是很微弱的。正如通常在心理学中运用的那样，重复或频率或联结的运用意味着时间序列加上相属性（belonging）。如果其他情况相同，则这种运用便增强了联结。另外一件主要的事情是联结的后果（sequel）或后效（after-effect）或结果。它反过来作用于联结，满意之物（satisfiers）增强了联结，讨厌之物（annoyers）往往增强了其他的联结，也即与之相反的或与之不一致的联结。如果其他情况相同，如果联结在令人满意的状态下产生，则联结便

会增强。学习，不论是其运用还是效果，是由情境的可认同性(identifiability)和反应的可获得性(availability)来促进的。

这便是对大量学习的一种初步描述，包括婴儿的大多数学习和低等动物的大多数学习，也包括在所有动物的所有年龄中我们称之为技能和习惯的东西。在本次演讲中，我将对这种描述略作补充，借此希望丰富这种描述并使之精练起来。

迄今为止，我们已经把大脑以外和大脑末梢器官(endorgans)的一些情况作为一种情境的证明。只要我们讨论联结强度(strength of connections)的变化，这便是十分合宜的，因为它防止或大大减少了产生误解的机会。但是，无论什么学习原理，凡适用于从一种外面状态导向思维或情感或活动反应的联结，便有可能也适用于那些从思维或情感导向其他与之伴随并与之相属的思维或情感或活动的联结。一种情境可能是脑内的一种状态，例如需要加以判断的一种长度，需要开启的一只箱子，或者需要填充的一个单词。这类内在的情境可能在冗长的系列中发生，其中，情境 A 引起 B 作为其反应，于是 B 又充当一种情境，引起 C 作为其反应，而 C 又依次充当一种情境，以引起 D 作为其反应。

迄今为止，为了证明反应，我们通常注视那些可以毫无争议地进行记录和测量的外显身体活动，例如说出一个单词，写出一个字母，或摇头等。但是，我们能够想到的任何一种联结方面的第二个术语可被视作是对与之伴随和与之相属的第一个术语的反应。如果一种观念或意象或精神状态或态度引起了另一种观念、意象、精神状态或态度，而且从第一种导向第二种的联结变得更强或更弱，那么这可能是由于运用、效果、可认同性和可获得性等同样的原则在起作用。通过这些作用,我们学会了使大多数外显的活动符合大多数外在的情境。过分热情的行为主义者除了强调肌肉和腺体的作用外,不允许人性有任何反应,这样做实际上是在赛马中下错了赌注。千万个联想的神经元也在动作着。它们并不仅仅袖手旁观,或者可怜巴巴地从感觉神经元(sensory neurone)那里捕捉一些信息,然后将这些信息尽快地传递到运动神经元那里去。不仅如此,它们自身之间也在接收和传递信息,而且这样的假设看来完全合理。

在这些内部反应之间的是欢迎和拒绝的反应(responses of welcoming and rejecting),强调和抑制的反应(responses of emphasizing and restraining),分化和联系的反应(responses of differentiating and relating),引导和协作其他反应的反应(responses of directing and coordinating other responses)。当联结的事物是人类所了解的最微妙的关系和人类所能作出的最难以理解的智力顺应(intellectual adjustments)时,一个联结同样是一个联结。

人类所能作出的各种反应不是相等地随时可以作出的。进食、睡眠、注视色彩明快的运动物体等反应,比起呕吐、梦游、独处一隅面壁沉思来,前者的反应更容易随时作出。同样一种反应,在不同的时间和季节里,也不是相等地容易作出的。饥饿增强了进食的准备状态;疲乏使一个人不想去玩而准备睡觉;成就过程受阻或转向使中断的反应准备行动。实际上,我们很可能在那天晚上将它在梦里继续下去。达到满足的完美反应使整个行动过程暂时不易动作起来。

与一种情境相等地紧密联结的两种或两种以上的反应,只要当时有一种反应具有较高的准备状态,那么该反应便容易发生。

一个联结尽管可能特别强而有力,但由于当时它处于无准备状态,便不会发生作用。因此,如果让一个人对一种信号说上100遍"1296758324",那么由于单调和厌烦,他可能会拒绝说第101遍。另一方面,某种反应可能如此容易地作出,以至于它可以由与该反应只具微弱联结的情境所引起。例如,在一名自我中心的疑病症患者(egotistical hypochondriac)身上,只要提到任何疾病,就会导致他想起"他的"病;提到一天中的任何时间,就会使他想起他在当天那个时间"他"所感到的症状;只要提到任何成就,就会使他认为要是没有他想象中的疾病,"他"就会干一番大事业。对于我们大家来说,更普遍的是,我们的思维流(currents of thought)流入了兴趣和偏见为其作好准备的通道之中。

某些反应的准备状态或无准备状态或多或少是以某种需要、渴望、令人烦恼的缺乏等为标志的。不论它们是否以此为标志,它们将会通过作为内部情境的一部分,作为心理定向或心理顺应的特征,作为反应或部分反应来帮助决定行为。例如,一种任务的指向通常是以某些传导单位(conduction units)进行传导为形式的反应的准备状态来引起,也由某些其他单位的实际活动来引起。

关于联结本身的性质和活动,还有许多问题将要提出。首先的一个问题是我们在第二次讲演时延搁下来的。它涉及这样一种比较,也即仅仅重复一个我们在普通的学习中发现的联结的相当微弱的影响和巴甫洛夫等人在条件反射(conditioned reflexes)①事例中发现的十分强烈的影响之间的比较。

---

① 我的理解是,"条件反射"是对巴甫洛夫"ooslovny"一词的正确翻译。作为名词,对于我们讨论中的事实来说,似乎更为可取,但是我还是遵循大多数人的用法。

正如你们许多人或所有人都知道的那样，基本事实如下：

对一些狗进行手术，使唾液腺导管从口腔黏膜的天然位置移植到体外皮肤，以便唾液腺的分泌物可以进入管子，从而使唾液流的数量和速度可以测量。然后，使狗习惯于站在置于房中的全套实验装置之中，不受任何视线、声音或气味的影响，除了实验者提供的那些刺激之外。

由于一种先天的或无条件的反射或倾向，当狗的口腔接触某些物质（如食物）或予以拒绝的物体（如酸）时，狗便增加其唾液的分泌，并将其流入口中。现在假定某种情境（譬如说一台电子蜂鸣器的声音）向狗呈现，当这种声音持续出现时，同时向狗呈现食物，而且这种联结每天重复，甚至频繁地重复多次。嗣后，如果单单出现蜂鸣器的声音，狗也会增加唾液流的数量。如图示 A 所示，一系列事件的若干次重复使图示 B 中的系列成为可能。

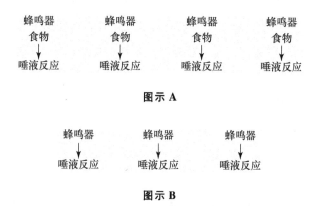

于是，狗学会了增加唾液流以便对蜂鸣器声音作出反应。

这种学习被有些生理学家和心理学家称呼为一种简单的、普遍的、基本的可改变性形式（form of modifiability），这种可改

变性构成了动物和人类学习的一切复杂形式。

然而,上述提供的图景与我们在自己实验的若干重要方面所发现的东西有所不同。首先,与相属性很少有联系甚至没有联系的序列性和同时发生性(contemporaneity)导致了学习。食物可能在生理上与声音相属,而增加唾液流也可能在生理上与食物相属。但是,增加唾液流几乎很难说与声音相属;它仅仅伴随着声音而发生,并且与声音一起进行。其次,对于该动物来说,学习的结果并未表明任何满足感。就我们所能了解的而言,狗没有因为声音而从多分泌的唾液中受益。再次,很小的发生数常常足以产生这种变化——有时只要发生一次便可。①

如果这种学习一般来说是学习的原型,那么迄今为止我所提供的解释显然是不全面的,因此我的任务便是说明相属性如何和为什么会成为绝对必要的条件,以及学习如何和为什么会如此附属于满意的或讨厌的后效,借此为我的下列陈述辩护,即一个联结的单纯重复对于增强该联结是十分缓慢的。确实,如果条件反射是学习的原型的话,我便不该把它的描述延迟至今,而是应当把它推向前沿,详细地描述巴甫洛夫等人的研究了。

我们应当钦佩这些研究者的工作,赞赏该研究的极其重要性,但是,我们不必确信他们正在涉足一切学习的基础。恰恰相

---

① 自从撰写本段落以来,我有机会拜读了利德尔博士(Dr. Liddell)许多未发表的行为记录,也即那些将反射活动与各种刺激联结起来的行为记录。而且,我还有机会同温莎(Winsor)先生、贝恩(Bayne)教授和克鲁泽(Kruse)教授讨论了温莎先生正在开展的有关人类唾液反射的实验。看来,有可能我已夸大了第一点和最后一点的差异。然而,我没对这种陈述加以纠正,因为它是由纯粹暂时的序列性和接近性(contiguity)形成的一种快速学习,这种暂时的序列性和接近性被认为是学习的原型(prototype of learning)。

反，这些把唾液腺反射或其他一些反射与某些情境联结起来的实验，在我看来代表了一种相当特殊的情形。在任何一种情形里，若想抛弃心理学家从动物和人类的行为与学习中衍生出来的合理推论，并且去重砌炉灶，看来是不受欢迎的，原因在于这些推论不是从条件反射实验中引出的推论。看来，较好的办法是，在心中既记住事实的定向，又记住一些推论（这些事实肯定会在结束时被发现是一致的）。

由于我对俄语一字不识，由于我对那些通过个人重复的经典实验缺乏直接的接触，因此我便没有我想具有的判断能力。我希望我已经讲过的和我将要讲的内容会导致你们研究这一理论问题，并由你们自己作出决定。

比起我来，你们在自己的校园里可从利德尔博士（Dr. Liddell）那里获得更具能力的指导。利德尔博士熟悉俄国人的工作，而且几年来一直从事重要的实验，也即在绵羊和山羊身上形成这种联结。

有些理由可以证明我们把条件反射现象看做学习的一种特殊情况而不是看做学习的基础是正确的，这些理由现在陈述如下。在任何一种情况下，事实是重要的。

1. 对任何一种特定的动物来说，联结通常具有一种同样的反应或结果的术语，而且这是（或者在实验过程中变得）十分敏感或兴奋的。巴甫洛夫写道：

> 据认为，在我们的研究开始时，完全可以将研究中的实验者和实验装置里的狗彻底隔开，然后在实验过程中拒绝任何人进入研究室。但是，这种预防措施已被发现是完全不适当的，因为实验者无论多么谨慎小心，始终避免不了这

一事实,即他本人便是大量刺激的经常来源。哪怕最轻微的运动——例如眨眼皮或眼睛运动、姿势、呼吸等等——都可能成为各种刺激,这些刺激一旦到达狗身上,便足以破坏实验的正确性,致使确切地解释实验结果变得困难起来。为了尽可能排除对实验者的这些不适当影响,他不得不处在放置狗的实验室外面,但是,即使这种防范措施,对于那些在研究这些特殊反射中未予专门设计的实验室来说,还是不能成功地达到目的。动物的环境,甚至在单独关入房间的情形里,还是不断变化着的。例如,过路人的脚步声,隔壁房间里偶然的谈话声,砰砰的关门声,或者过路车辆的震动,马路上传来的喊声,甚至通过窗户投入房间的阴影,所有这些偶然的非控制的刺激,落在狗的感受器上,会在大脑两半球(crebral hemispheres)中形成干扰并破坏实验。为了克服所有这些干扰因素,在彼得格勒的实验医学研究所(Institute of Experimental Medicine in Petrograd)建立了一个专门的实验室,其经费由一位热心公益事业的莫斯科商人所提供。新建实验室的基本任务是使狗免受非控制的外部刺激,为此,在建筑物的四周挖了隔离壕,并使用了其他独特的结构装置。在建筑物内部,所有的研究室(每层4个研究室)相互之间用十字形的走廊隔开;顶层和底层,即研究室所在的层面之间,用中介层隔开。每一个研究室都用隔音材料细致地分隔成两部分——一部分放置动物,另一部分留给实验者使用。(1927年,p. 20f)[1]

---

[1] 《条件反射》(*Conditioned Reflexes*)牛津大学版(Oxford University Press)。

很显然，反射受外部情境任何一种变化的影响，这种明显的倾向正在发展着。按照某种信号学习唾液分泌，比起按照一种声音刺激学习做任何特定的事情，可能更加类似于当蜂鸣器响起时由一名儿童学习做某事而不是一动不动地坐着。

2. 如果这种倾向以短暂间隔经常重复的话，这种倾向便会很快消退（也即暂时消失）。我引述巴甫洛夫对一个典型例子的陈述：

在测试反射时，节拍器（metronome）响了 30 秒钟，在此期间，唾液的分泌量以滴数进行测量。与此同时，对刺激的开始和唾液分泌的开始之间的间隔进行了记录。这一时间间隔习惯上称作潜伏期（the latent period），尽管如此，正如我们在后面将见到的那样，使用其他一些术语也许更为有益。在这样一种特殊的实验里，随着节拍器提供的刺激而来的并不是喂食。也就是说，与我们的常规相反，这种条件反射未能得到强化（reinforced）。节拍器刺激以每隔 2 分钟响 30 秒的时间重复着。于是得到下面的结果：

潜伏期的秒数	30秒钟期间唾液分泌滴数
3	10
7	7
5	8
4	5
5	7
9	4
13	3

……如果将实验推向深入，将会出现反射完全消失的阶段。由

于一种条件刺激多次反复而没有强化,因此反射迅速的和或多或少平稳渐进的弱化现象,可以用一个恰当的术语即"条件反射的实验性消退"(experimental extinction of conditioned reflexes)来加以概括。该术语具有这样的优点,它并不指使上述现象得以产生的确切机制(exact mechanism)的任何假设。(1927年,p. 48 f.)。①

平常习得的联结并不以这种方式活动。如果1名儿童学会了说"63",作为对7×9的反应,接下来我们每隔2分钟问他"7×9等于多少"。一般说来他不会变得越来越迟疑不决或错误百出,也不会经过12次的重复以后便停止反应了。

3. 倾向的这种消退或暂时变弱以及消失,只要通过不再使用该倾向便可治愈。"只要不再使用它们,经过一段较长或较短的时间间隔以后,已经消退的条件反射会自发地恢复它们的全部力量"(巴甫洛夫,1927年,第58页)。② 至于平常习得的联结正好相反,不用便会弱化。

4. 正如温莎(Winsor)所表明的那样,人类的唾液流在对咀嚼、打呵欠和感到困窘等作出反应时是很敏感的,而且是易变的。然而,学习增加唾液流,以便对任何原本无关的信号作出反应,在人类方面是很慢很慢的,缓慢的程度甚至可以否认发生反应的可能性。一般说来,人类在通常的学习形式中要比一只狗学习得更快。

5. 在条件反射中建立起来的联结还有其他一些特征,看来在平常的学习中并不具有任何的对应物,尽管更为广泛的观察

---

① 《条件反射》(牛津大学版)。
② 《条件反射》(牛津大学版)。

和更加深入的洞察可能反映出对应物来。

因此，由重复蜂鸣器的声音而使有机体对这种声音作出唾液流分泌反应的倾向的暂时消退，也往往导致对任何其他习惯了的信号作出唾液流反应的倾向的消退。这种情况有点像忘记了 9×7 等于 63 以后，使得一个人也不会说 33＋30 等于 63，或者 70－7 等于 63。甚至还会使通过防御反应（defense reaction）作出反应的倾向消退。这好像忘记了 9×7 等于 63 以后，使得一个人无法拼写 cat(猫)或者无法写出自己的名字。

还请考虑一下下述的事实：一种条件反射 $S_1 \rightarrow R$（R 始终是唾液流）已经牢固地建立起来。接着，这个刺激不时地与另一个刺激 S_2 一起呈现，于是成为 S_2+S_1。但是，S_2+S_1 从未由无条件刺激（unconditioned stimulus）加以强化。于是，S_2+S_1 便越来越少地引起反应 R，尽管 S_1 仍可这样做。这种情况只发生在 S_2 和 S_1 在时间上交叠的时候。如果 S_2 首先呈现，而且当 S_1 出现时就被马上移走，那么 S_2 就不会这样容易地削弱 S_1 的力量，而实验动物也就坐立不安了。如果 S_2 呈现后，过了 10 秒钟的时间间隔才呈现 S_1，这样 S_2 就不会削弱 S_1 的任何力量，而其本身便获得了一种积极的力量，借此引起 R 的发生。

假定建立一个延迟的条件反射（delayed conditioned reflexes）（$S_1 \rightarrow$ 特定的不活动的时间间隔，接着发生 R），例如，触摸皮肤，接着在相继的半分钟里出现 0、0、2、6、13 和 16 滴唾液。如果在这样一个延迟性条件反射的不活动阶段，增加一个刺激 S_2，这个 S_2 以前从未以任何方式与反应 R 发生过联系，然后 R 却立即出现了。来自巴甫洛夫的这两种记录列举如下：

时间	刺激	在条件刺激孤立的活动期间每30秒钟唾液分泌滴数
	实验1	
上午 9:50	触摸	0,0,3,7,11,19
上午 10:03	触摸	0,0,0,5,11,13
上午 10:15	触摸+节拍器	4,7,7,3,5,9
上午 10:30	触摸	0,0,0,3,12,14
上午 10:50	触摸	0,0,5,10,17,19
	实验2	
下午 11:46	触摸	3[①],0,0,2,4,5
下午 12:02	触摸	0,0,0,2,6,9
下午 12:17	触摸	0,0,0,2,7,9
下午 12:30	旋转物体+触摸	6,4,6,3,7,9
下午 12:52	触摸	0,0,0,3,7,15[②]

这种情况好似一只狗学会在大约60秒或90秒的时间里用后腿站立。当你说"用1分钟时间乞讨"或者"用1.5分钟时间乞讨"时,狗会这样做,假如不发生其他任何情况的话。但是,如果你打喷嚏或拧它或同时做任何其他事情,狗将会立即用后腿站起。对狗来说,学习前者将特别困难,如果是这样的话,便没有理由相信它也会做到后者。

多年来,我一直盼望能有时间和条件来重复俄罗斯学派的经典实验,即关于初级条件反射(primary conditioned reflexes)、次级条件反射(secondary conditioned reflexes)、外部抑制(external inhibition)、内部抑制(internal inhibition)、条件抑制

---

① "从触摸刺激开始的第10秒起,狗移动它的腿,撞击一只金属盆。"(巴甫洛夫,1927年,p.93)

② 《条件反射》(牛津大学版)。

(conditioned inhibition)、延迟(delay)等等,与此对应的是相似信号与反应(如狗吠,抓某个物体,去某个地方,或用鼻子压下一根杠杆,而不是唾液分泌或腿的反跳)之间的联结。如果逐项观察这两种学习类型,我认为,我们将会发现"尝试和成功"的学习(trial-and-success learning)对于一般的学习而言比条件反射的获得更为重要。确实,我敢于大胆提出下列预言,即纯粹条件反射的现象将教会我们更多的兴奋性(excitability)而不是教会我们学习。

俄罗斯学派的生理学家和心理学家把条件反射的技术更多地用于探索和解释兴奋性、抑制、扩散(irradiation)、诱导,以及诸如此类的现象,而不是去分析和预言在某些环境里以某些方式进行的思维、感觉和行动等特定倾向的可改变性。这是很有意义的。

还有另外一种可能性需要加以考虑。学习可能仅仅通过相继性而发生,并且发生得很快,不论有没有相属性。如果行为流(stream of behavior)仅仅限于单一的或系列的相继性方面,并且与所有其他的心理和大脑活动都断绝联系,以致在任何一点上都没有可以与之竞争的联结,则这种情况就有可能发生。于是,条件刺激(1),普通的或无条件的刺激(2),以及反应(3)可以通过实验的条件构成某种类似于中断的、隔绝的系统或系列,以便(1)的大脑过程可以引向(3)的大脑过程,因为那是向它敞开的唯一通路。

有关证据表明,在这样一些隔绝的系列中,学习是很迅速的,而不予使用所引起的遗忘却很缓慢。譬如说,一名歇斯底里患者具有一种体验,也许在一年或一年多以后,在一种半恍惚、

半发呆的状态中,她凭借想象重新体验了它的每个细节。她已不能记忆和回忆它,但却能重新体验它。这种体验并不与她的心理生活的其余部分挂钩。她无法随心所欲地得到这种体验,但是,某个刺激会引发它,包括引发患者生活的那个部分,于是,她像以前一样有了重复的体验。

我必须承认,业已报道的条件反射现象对我来说在许多方面还是个谜。它们与一般学习的关系究竟是什么,对此我还不知道,但是,我不信条件反射现象表明了学习的基本模式和最一般的原理。

我们的第二个问题涉及在一个联结的形成中强度从 0 到 100% 变化的速率(rate)。

直到最近人们才相信一个心理联结的强度从 0 变到 100% 甚至更强①可能会逐渐发生,而且一般说来确实发生了。但是最近,部分由于神经元在传导方面的"全或无"(all or none)的理论,部分由于在条件反射的获得中从没有反射变到明显反射活动的突然性,有人建议,一切有关学习或联结的简单的和基本的活动都遵循"全或无"的定律。

神经元联结中最简单和最基本的变化也许通过从零到最大联结的跳跃性而发生作用。但是,看来仍然有两个充分的理由可以继续相信,正如我们能够观察和想象的那样,简单的和基本的心理联结具有渐进性(gradualness)。第一个理由是,这些心理联结中的任何一种联结都涉及众多神经元的同时活动(simultaneous action)。第二个理由是,我们发现渐进性是我们能够

---

① 关于"甚至更强"一说的补充理由可在第一讲中找到。

设计的最简单和最基本的联结中的事实。

在我们的实验中,我们运用了像图 1(见第 51 页)所示的那些非常容易辨认的图形,将此作为情境,并把本能的或长期熟悉的活动(诸如张嘴、伸手或将头转向一边等)作为反应。有充分证据表明,这些联结都是逐渐形成的。我们可以相信,如果能够设想出更加简单和更加基本的联结,那么它们也是逐步形成的。①

可接受性

在前面的讨论中,我曾含糊地谈到一些联结携带或伴随着某种可接受性(acceptability)或失宠性(disfavor)。你们中有些人可能会对此怀疑,或者至少反对使用"携带"(carrying)和"覆盖"(being clothed with)这类字眼,要求用"伴随着"(being accompanied by)替代它们。

我恨自己从实验中提不出任何证据,但是,却具有若干观察。首先,除了虚弱、困惑、怀疑或失望等状态外,一种没有联结导致任何反应的情境看来伴随或携带着失宠性。你们中有些人可能会反对说,我真正的意思在于虚弱、困惑等伴随或携带着失宠性,而且这是一种像任何其他反应一样的反应。那不是我的意思,尽管它可能是实际发生的情况。我的意思是说,缺乏联结就像缺乏某种反应或情境一样令人讨厌。

其次,对一种心理上清醒的和渴望的活动来说,仅仅联结的过程(而不管联结什么或产生什么)看来就携带着适度的可接受性。

---

① 甚至在获得条件反射方面,渐进性可能是"联结"中的规律,至于突然性是由于直到联结超过了某个最小的强度后,才出现的反应。

考虑一下下述这些段落,它们是新艺术表述中一位领导人的著述。这些段落受到许多人的钦佩,并假定对作者来说它们具有高度的可接受性。

当她相当年轻时,她知道她曾经有过一个家庭,那个家庭的生活是任何人可能不曾有过的,如果它们是任何人不曾想到过的一个人一直过着的家庭生活的话。

还有一段:

所有存在的更多机会都在一本书中,所有存在的任何机会都在一张表中,所有存在的机会都在一篇讲话中,所有存在的最佳场所不是干坐着,而且意味着没有资格得以解脱而站起身来。

可以肯定,所有这些思维本身没有任何合宜之处。这些段落的可接受性存在于联结之中,如果有此联结的话!

再次,一种反应引起的可接受性或失宠性往往不隶属于反应本身,而是作为那种情境的一种结果。也就是说,反应加上它的联结。例如,假如有人问你 9×15 等于多少,你回答145,但是又匆忙地将答案改为135。这种失宠现象不是由145引起,而是由145作为"9×15 等于多少"的结果而引起。这是在人类学习中通常遇到的情况。

这些事实使得用可接受性或失宠性(满意或讨厌)去信奉更加静态的心理生活特征成为不明智之举,相反应该用此去否认它们之间的一些联结。

后效对一种联结的依附性

一种联结的满意效果或讨厌效果究竟在多大的紧密程度上通过明显的"相属性"和时间间隔的短暂性而依附于联结,以便它可以对联结产生直接影响?对此问题尚无完整或确切的答案可以提供。[①] 有理由相信,一种奖励或惩罚与联结的相属关系越紧密,它的影响就越大。因此,只要其他条件相等,我们可以期望,让一只狗学会用拉绳圈的方式得到奖励,如果它在作出该反应后被奖励吃到一块肉,比起它作出该反应后被它的主人爱抚一番,前者学习速度将会更加迅速。还有理由相信,在联结发生作用以后奖励或惩罚来得越早,它具有的影响也就越大。但是,如果没有干预的因素插进来使奖励的影响从联结那里转移开去,那么可能会在几秒钟后仍存在影响。由于我们对联结的相属性在生理方面究竟是什么东西知之甚少,所以受到这类探究很多的牵制。

个别活动和协同活动

一种情境的活动往往是分化的。也就是说,情境的某一部分或成分或特征可能在引起反应方面具有力量。或者,更为一般地说,同一情境的若干部分或成分或特征可能在不同场合,在引起反应方面具有各种不同的力量或强度。作为这种零星活动(piecemeal activity)的结果,联结的形成不仅由于每个联结在整体上的总体情境,也由于情境的一些部分或成分或方面。整个反应的某个部分可能与情境的一个部分密切关联,而与其他部

---

① 鲁西恩·华纳博士(Dr. Lucien Warner)目前正在就时间间隔问题研究这一课题。

分的密切程度稍差一些。我们粗略称之为一种联结的东西实际上往往可能是一束联结。表面上看来具有某种强度的一种联结（比如说，在情境 ABCD 和反应 MNOP 之间的强度为.90），可能在有些情形里实际上还包括下述一些联结，例如 A 到 M 的强度为.40，BC 到 N 的强度为.55，ABD 到 MNO 的强度为.70，D 到 MNOP 的强度为.18，AB 到 MNOP 的强度为.60，A 到 P 的强度为.05，以及其他许多联结。

一种情境的活动往往是协同的(cooperative)。也就是说，它产生的结果既有它自身固有性质的因素，又有在它之前存在的其他情境或情境组成成分的因素。因此，情境的活动始终受心理状态、心理定向或心理顺应的制约，情境就是在这种心理状态、心理定向或心理顺应中发生作用的。

作为零星活动、分化力量的一种结果，以及由暂时的心理定向和永久的心理定向所决定的结果，在人类心理中其联结系统的复杂程度几乎无法形容。在这间房间里，平均每个人去年对之作出反应的不同情境数据估计为数百万，可能达到数千万。决定或有助于决定一个人作出反应的联结系统比起全世界的电话电报系统来要复杂得多。

这些联结是否决定更大的力量，或者它们是否有助于通向更高的能力——即构造、目的、顿悟、分析、选择和思维的能力呢？在下面的 3 篇演讲中，我将描述这些所谓的学习的更高能力的心理学。

第八讲

目的和学习：格式塔理论和学习

对任何外部情境(situation)所做的反应既依赖于情境的性质，也依赖于个体的情况，这是心理活动的普遍规律。如果情境本身是内在的，也即个体心理的一个部分，那么反应将不仅依靠个体心理的这一部分，而且还依靠他的其余方面。个体习得的东西(作为任何情境的一个结果)也是其人性的结果。

个体的情况很容易被视作部分是由相当持久的和固定的心理定向(mental sets)所组成，例如由本能(instinct)、气质(temperament)、目的(purpose)、观念(ideal)等词所指的那些心理定向，部分是由更为暂时的和转换的心理定向所组成，例如所谓疲劳，昏昏欲睡、贪得无厌，以及与礼貌有关的不友好的意图等心理定向。

一般的事实是，当时的个体状态对其反应的影响是相当明显的。这差不多可由人们生活的每时每刻来加以说明。关于联结的选择和方向的更为详尽和系统的证据，以及由个体的心向

或态度所决定的反应,正如他所接受的指导语或任务的一般性质所给予的影响那样,已由研究思维过程的心理学家提出了报告。

同样明显的是,属于个体的那些更加持久的态度或心向也会产生影响。例如这个人是法国人还是德国人,基督教徒还是犹太教徒,教师还是内科医生,父亲还是儿子,乐观主义者还是悲观主义者,现实主义者还是浪漫主义者,外倾性格者还是内倾性格者,无动于衷的还是敏感的,精力充沛者还是不想多动者。

一个人的态度、心向或顺应(adjustments)之所以成为主要的决定因素,不仅在于他所想的和所做的,而且在于他所欢迎的和拒绝的东西——也就是使他感到满意或讨厌的东西。如果你的心向是去讲法语,那么你对想起一句贴切的英语短语可能会感到不舒服,这句英语短语本来会在一般的环境里使你感到高兴。如果你是一个打高尔夫球的新手,你对当时的一次击球很满意,尽管到了以后熟练时你对这样的击球可能会无法容忍。

每一种联结都是由特定的个体、特定的心理或特定的大脑在特定的状态下作出的。每一种联结的每一种后效(after effect)都是在特定的状态下对特定的个体、特定的心理或特定的大脑产生影响。期望、意图、目的、兴趣和欲望都涉及动力因素(dynamic factors),它们像听到"4×5"和想到"20"之间的情境-反应联结(situation-response connections)一样真实,或者像看到 cat 然后说"cat"(猫)之间的情境-反应联结一样真实。

你们中间有些人也许会认为或感到,我在前面几讲中提出的联结学习观点是过于机械和宿命论了,致使人类自身的目的以及由此目的而从内部进行的控制没有立锥之地。我的一些心理学和教育学的学生们肯定会这样想。

我刚才所讲的内容涉及心理定向和倾向的无处不在及其有力影响,包括个体在任何特定情形里积极表现的整个特性,看来符合这些批评。

与情境一起来决定反应的那些影响像学习者本身一样复杂、可变、有目的和有精神。在学习的这出戏剧中扮演主角的不是外部情境,而是学习者。为什么我对联结的频率(frequency of connections)、联结的满意度、情境的可认同性(identifiability)、反应的可获得性(availability)等东西说得很多,而对于引导并组织它们的目的或心理定向或整个心理却谈得很少,其原因不是我想贬低后者。恰恰相反,后者的一般重要性是十分明显的,而个体特质(individual idiosyncrasy)的变异看来对研究并不特别有效。因此,迄今为止,在一名真正的联结主义者或联想主义者和一名真正的目的主义者(purposivist)之间不应该有任何争吵。双方都同样认为,个体的态度、顺应、倾向、心向、兴趣和目的每时每刻都在与各种情境一起发生作用,以便决定这些东西将形成哪些联结。

如果会发生什么争吵的话,那么这种争吵将会集中在联结主义者对这些态度、心向、目的或自我(selves)的结构和发展的解释上面。

任何一种特定的心理定向或心理态度或心理倾向是由什么东西构成的?更广义地说,一个人的兴趣和目的是由什么东西构成的?再广义一点说,他的与外部情境合作的"整个心理或自我或倾向系统"是什么?我必须诚实地提供答案,尽管我意识到在为这种答案辩护时存在困难。我的答案是,所有这些,归根结

蒂是由联结和准备(readinesses)所形成(不论是原来就有的联结或准备抑或后来获得的联结或准备),包括那些形式多样的联结。凭借这些联结,满意和讨厌依附于某些心理事件上。

假如我观察任何一种特殊的心向或目的,例如宁可做除法而不是做乘法的倾向,或者提供词的反义词而不是词义的原意,或者追求名声,或者爱国主义,或者慈善行为。我可把我的发现列成一个表。这个表包括观念,与整体和与成分的联结,联结的准备状态,兴趣等等——全由原始的倾向(original tendencies)产生,或者由过去的联结和奖励产生。如果我试图分析一个人的整个心理,我发现在下述(a)和(b)之间存在着不同强度的联结:(a)情境,情境的成分,情境的混合物;(b)反应,反应的准备状态,促进因素,抑制,以及反应的方向。如果所有这些内容都可以完全地编成目录,也即在每一种可以构想的情境之中,讲出一个人将会想什么和干什么,以及什么东西使他满意和讨厌,那么在我看来就不会留下任何东西了。

我阅读了心理学家报道的事实,即关于顺应、结构、内驱力(drives)、整合(integrations)、目的、紧张,以及诸如此类的东西,就所有这些事实影响思维过程或情感或活动而言,在我看来它们都可以还原为联结和准备。学习就是联结。心理是人类的联结系统(connection system)。目的就其本质和活动而言,像其他东西一样,是机械的(mechanical)。

我不准备为这一演说辩护。如果由我们去提出一种学说,而这种学说至少应该与这几讲已经提出的联结主义形成尖锐的对照,那么这将是更有趣和更广泛的了。

格式塔理论和学习

我想对格式塔理论(Gestalt-theory)和学习议论几句。也许这些话在该理论的鼓吹者看来会感到不满意,部分原因在于我的议论必须简明,因而有不完整之嫌,部分原因在于,就我而言,我无法理解这个理论。但是我希望至少不要偏袒,也不要形成误导。

格式塔理论是对心理原子主义(atomism)三种极端形式的抗议,也是一种组织心理生活的建设性学说:

(1) 它否认一种心理状态由一些成分或要素(elements)简单地拼凑起来,只要数一数这些要素便可讲出一个人需要知道的一切,或者可以了解正在研究的那种心理状态。格式塔理论断言,一个人的整个心理状态不仅仅表现在这些部分的结合上面,它还具有一种模式(pattern)或完形(configuration)或形式,这是通过计数所无法报告的,而且当这些组成部分存在于这样一种心理状态时,既不同于它们不在这样一种心理状态时的表现,也不同于它们在其他某种心理状态时的表现,每一个组成部分都是由社会来改变的。

(2) 格式塔理论否认情境的一个特定部分或要素或大脑中的活动[譬如说,神经元 A 通过突触(synapse)传导至神经元 B]将始终产生同样的结果。相反,该理论断言,这将有赖于其他神经元的条件,有赖于其他神经元正在作用于什么东西以及它们如何作用。因此,一种复合的大脑活动(complex brain activity)的整体结果不可能通过了解它的每个组成部分在单独活动时将会产生什么而给予预言。该理论宣称存在着生理模式(physio-logical pattern)或完形,这种模式或完形的力量不等于其部分的

力量之和。例如,考夫卡(K. Koffka)写道,"联想可以根据神经系统的物质完形(physical configurations)加以解释",而且"这些完形……现已证明在澄清智力成就中有其特殊价值"(1925年,p.236)。

(3) 格式塔理论否认行为的纵向部分(longitudinal segment)(譬如说,当要求一个人写下 cat 时,他便这样做,或者当一个人觉得寒冷时便披上外衣,或者背诵字母表,或者对"19×78 等于几"这个问题通过必要的计算作出反应)是由思维、情感和活动的某些要素以某种序列简单地组成的。它断言,这样一种行为部分或行为流(flow of behavior)往往还具有一种完形或模式,或者具有若干完形或模式。它不是由许多珠子联结而成的一串珠子,而是一根项链。它不是一系列音调,而是一首歌曲。它不是呈纵队步行的人们,而是前进中的队伍。

在上述三对否认和断言中,第一对在两个方面与学习心理学有关。首先,它强调指出,任何一种通过要素之和(addition of elements)的过分简单的学习理论存在困难。这种情况可以通过第三对的否认和断言而得到更好的说明,而且在后面将加以考虑。其次,它直接揭示了用传统的英国联想主义的某些夸大的和歪曲的形式来解释学习或获得知觉要素时所存在的特殊困难,例如,根据传统的美国联想主义学说,心理上先是获得黄色、圆形、固体、直径 4 寸、橘子味道,然后是橘子的气味,再后是将它们综合在一起,知觉到一只橘子。这种观点对今天的联想主义者或联结主义者来说,如同对当年的威特海默(M. Wertheimer)、苛勒(W. Kohler)、考夫卡或奥格登(Ogden)一样不必要和奇异古怪。

我曾有意省略本系列讲座中关于学习知觉的物体和事件的任何讨论，目的是腾出时间来讨论我认为更重要的问题，因此，我对知觉学习的格式塔理论不准备多说什么了。

对大脑状态和活动的特定部分始终产生同样结果的否认，对大脑中存在物质模式或完形的断言，以及对大脑的力量高于该模式中神经元的传导、联结和其他基本事实的力量的断言，这些都是重要的。我们需要一种学习的心理学，它与已知的或可能习得的关于神经元活动的事实相一致。联结主义者坦率地承认，他相信时间序列（sequence in time）、相属性（belongingness）和满意的结果在使一种状况更可能引起另一种状况方面具有影响，这种信念不仅基于对行为的观察，也基于这样一种可能性，即一般说来学习是由神经元的传导通路的可改变性（modifiability）引起的。联结主义者坦率地承认，他对抽象（abstraction）和概括（generalization）的解释（尽管由于对行为的观察而予以选择），对他来说更有吸引力，因为它们对神经元的要求，除了生长、兴奋性（excitability）、传导性（conductivity）和可改变性以外，没有任何东西了。

我对我无法提供证据来支持或反对所谓的生理完形（physiological configurations），或者对它们展开有效的讨论感到懊悔，因为我无法清晰地想象它们应该是什么。我无法讲出在哪一点上这种完形的大脑过程使一个人找到一个特定词的反义词与他找到两个特定数字的乘积有所区别，除了其中一个是 X（它产生一种结果），另一个是 Y（它产生另一种结果）之外。我甚至无法讲出它们是否由神经元的传导所组成，或者由别的什么东西所组成，或者由传导加别的什么东西所组成。

联结主义者欢迎对一种过分简化的传导系统(例如由苛勒提出的传导系统)给予实际的批评,并且希望由具有天赋的心理学家所做的关于思维组织和传导的研究能够导致对大脑活动的组织提供进步的知识。确实,联结主义者意识到在把人性解释成神经元之间的联结系统时所遇到的困难,要比格式塔学派遇到的困难也许更为明显和尖锐。但是,总的来说,联结主义者找到理由认为,人性只能这样被解释并将这样被解释。紧张、平衡和其他特征有时被归因于生理完形,对于联结主义者来说,看来无此希望。他还对它们抱有怀疑,因为它们一度被提出作为对心理生机论(psychovitalism)的替代。在学习的情形里(或者在任何其他事物的情形里),生机论很有可能在实践中抛弃科学,并胆怯地退却到人类无法预见和控制的活动的原因中去。我们不要生机论,也不要类似于它的任何东西。

联结主义者欢迎弗朗兹(S. L. Franz)或拉什利(K. S. Lashley)的工作,他们怀疑大脑功能定位(localization of cerebral functions)的某些理论。联结主义者热衷于支持任何一位有才能的研究者,这样的研究者探索用选择反应理论(theories selective resonance)取代从轴突(axone)到树突(dendrites)的空间邻近学说(doctrine of spatial proximity)或者可渗透的突触(permeable synapses)的可能性。他将乐于接受以事实为基础的批评。但是,当他被思辨的生机论者告知,"神经元的活动到此为止,而且不会有所进展;学习的其余部分是由于生机的力量,这种生机的力量高于和超越任何一种机械论"时,他不会给予任何注意。他太忙了,例如在研究神经病学或生物物理学方面太忙了。

当然,第三对否认和断言对于我们的目标来说是最重要的了。对行为部分的否认是由下列陈述,即思维和情感和活动的东西存在于该行为之中,以及它们的顺序是什么来充分描述的。这种否认将鼓励或促使所有研究行为和行为变化(我们把这些行为变化归之于学习)的学者去从事更细致的观察和更彻底的分析。断言行为的单位是一种隶属于趋合原则(principle of closure)的完形或模式,并趋向于变得尽可能清楚和明确,这样的断言对表明情境—反应序列中的一种更好的组织理论来说是一种挑战。

　　这种否认看来是正确的。人类行为不是一种未分化的系列事件。人类的许多行为往往纵向地分成一些单位(units),每个单位均有开始和结束。例如,假定一个儿童在玩积木,你走近他并给他一点家常小甜饼,他伸手取小甜饼,抓住饼,把它放在嘴里,然后继续去玩。行为的这个部分始于他对你提供食品的意识而终于他把食品放进口里,由此构成一个真正的统一体。这是一种模式或完形。如果你高兴的话,可以再试一下,尽管提供者、提供的物品、儿童的位置、取物动作的确切性质、抓物、吞物等可能不一定完全和先前的序列相同,但在形式上类似于其他单位。如果我们把儿童的外部状况,即从他意识到有人给他东西的那一刻开始到结束称为情境,并把他所干的事情,即从起始阶段到他重新回到玩积木上来称为他的反应,那么,事实上正像奥格登所写的,"情境和反应作为一个单位一起动作,当它展示其自身时,它的一般模式始终受到微妙的变异的制约。这些微妙的变异既来自情境也来自有机体对反应的准备状态"(1926年,p.49)。行为的序列,即"玩积木→意识到母亲带着小甜饼",

确实不同于刚才描述的序列。它导向某种新的事物而不是恢复原状。它终于某种称之为悬而未决的东西之上,或者说终于一个问题或一种张力(tension)之上,而不是终于某种称之为结果或静止状态的东西之上。它的开始和结束并不十分明显。

生活流(stream of life)的许多事件是由这样一些小单元的戏剧(little unitary dramas)所组成的,例如儿童意识到带着食物的那个人,通过相属性的中断,从先前状态和后来状态出发,并从当时各种微小的事件之中解脱出来,从而作出反应。但是,我认为不是全都如此,既有较短的和较不紧凑的序列,也有一系列序列。它们不是作为完形的组成部分与整个完形相关联,而是作为总体计划中的一些事件,或者作为一个有效常规中的一些步骤,或者甚至作为由不到部分之和的东西的协同联结与整个完形相关联。

如果把具有开始和结束的一些单位(一个人的行为通常可以分成开始和结束)称作完形,那么该术语必须具有灵活性或弹性,否则就不会有什么用处。请考虑一下我们生活中三种最常见的行为——交谈、驾驶汽车和走路。一位朋友问:"星期二你打算投谁的票?"你回答:"我想我也许会投胡佛(Hoover)一票,不过我还尚未肯定。"对稍一停顿后发出的"谁"(Who)这个音的反应,以及对即将发生的关于某个人的询问的反应是一个单位。通过某种观念和准备状态对"你打算……"的反应也是一个单位。由于理解了"你打算投谁的票",因而对"你打算投谁的票"的反应是一个不同的单位,而且对其结果更具结论性。由于理解了"星期二"的意思,因而对"星期二"的反应仍是一个不同的单位,比起对"谁"或"你打算……"的行为,对其结果更具结论性。而且比起对"你打算投谁的票"的行为,前者具有更少的内部复杂性和部分之间的相互依存性。用完整的答案来对完整的问题作出反应仍是一个不同的单位。说"也许"的时候对整个情况所做的反应仍是一个不同的单位。这些单位中有些单位与格式塔或完形的说明十分一致;有些则不然。例如,"理解'谁'"的单位,或者"理解'星期二'"的单位,或者"说'也许'"的单位。

一个人正在驾驶汽车。在驾驶汽车期间,显然不存在分成纵向单位的情况。他的定向或顺应或倾向都朝着驾驶汽车,而且保持着某种相当稳定的姿势反应,包括紧握方向盘和踩油门的反应,并对这些反应作些轻微的变化,以便在使汽车沿着路的右边按适宜速度前进时保持某种满意度。如果将 1 分钟的驾驶分解成一打互相独立的单位,那便显得十分学究气了。这种驾车状况是颇为自然的,只是在他见到一座小丘,或设法超越前面一辆车子,或将车速放慢以便转弯时,我们才会把这些状况有效地考虑为具有起始和结束。

一个人下班后步行回家,他的心向是回家。有些单位是颇为明显的。例如当他走到街角处 A 时,便向左转;当他走到十字路口时,便停下来朝两边张望一下车流的情况。有些单位是重要的,尽管不那样明显,例如,每一脚步的情境变化释放出下一步的向前动作,其左右交替也许在 1 万次中不会出现一次错误。当步行 1 里后,增强了疲劳和口渴的感觉,或者神经激活程度降低,我们便有了十分重要的情境—反应联结。它在极其微小的程度上开始和发展,然后衰退和消亡。

在街角处转弯,并且张望一下马路是否安全以便穿越,这些可以看做是完形,但是,像普通的步行这种情境—反应单位似乎

太机械,而像降低神经激活程度这种情境—反应又似乎太缺乏形式。

在严格的意义上说,"事物的整体性是不可分解的",事物"像曲调一样可以变调",而且"事物的出现或消失是以整体形式来表现的"(奥格登,1926年,p.127)。因此,一般说来,在把行为分解成各种单位时,其中极少有单位是完形。一个听到的词或看到的词使人想起它的词义,一个人或一个物体使人想起它的名字,这两个例子是最普通的单位,或者说是两个与明显的起始和结束"相属"的例子。但是,它们中的每一个都是可以分解的,而且是不可换位的。因此,像考夫卡那样的断言看来是颇为极端的,考夫卡说"一切学习要求完形模式的唤起";或者,"在没有获得完形的情况下不断重复,虽然这些重复并不有害,但始终是无效的";或者,"从广义上说,实践意味着形成完形,而不是加强联结的联系"(1925年,p.235)。当完形主义者把联结的形成作为对许多学习的解释,并把完形作为一种组织的原则予以保留时,他便处于一种较强的地位。

学习速记符号,学习外语词汇表,在遭受这样或那样的挫折时保持微笑,加法做得更快,打字,判断长度,或者把长度画得更准确——这些都是从千百种学习中抽取出来的样本(samples)。在这些样本中,单位是情境和反应的简单相属性,而不是一种不可分解的格式塔。

完形和趋合(closure)被动力地引起,以便在行为中做这样一些事情。这些事情对某种联结系统(也就是说,由序列的单纯加减所构成的联结系统)来说过于困难了点,也许对任何联结系统来说也过于困难了点。这些完形应该通过建立和完善自身来改变一个人,并通过某种内部力量尽可能得到合理的和明确的界定。

我希望我在这几篇演讲中描述的这种联结系统比起苛勒、考夫卡和奥格登等完形主义者直接批判的那种联结系统更能为人所接受——我从他们的批判中受益匪浅,而且我常常同意他们的批判。我们已经看到,相属性的影响与频率或重复的影响一样名副其实。我们已经看到,一种十分普遍的联结类型是一种情境和一种顺序(获得某种结果的顺序)之间的联结,而使结果得以获得的附属联结(subsidiary connections)仍处于不确定状态。我们已经看到,具有选择倾向的不同反应过程往往与习惯的惯例混合在一起。几乎没有一种习惯是绝对"固定的"(fixed)。甚至在用早餐时,将手伸向盘子右边去取汤匙这种习惯,也包含了由视觉或触觉或由两者引导的一定量的探索。

我们已经看到,甚至行为的相当简单的部分也可能表现出一种精细的个别的情境活动,以及联结之间的精心协作。

我们已经看到,各种联结按其可接受性及其结果而被不同地对待。使人的目的遭受挫折的联结被拒绝,并由其他联结取而代之。满意度不是一种专司激发的神灵,用来偶尔挑选一些兴奋的和至关重要的联结。它是经常起作用的,例如,它能使我们安全地把食物放入口中,能使我们的手稿字迹清楚,并几乎引导我们所讲的每一句话。

联结主义关于生活和学习的理论(这是我已经提供的一个总结性描述),毫无疑问既不适当也不正确。它对目的行为、抽象、一般概念以及推理所做的解释不过是对这些问题发出的第一次进攻而已。它还有许多差距和缺陷。但是,我无法了解这

样一种联结系统还需要趋合(colsure or pragnanz)的帮助。它们解释的一些事实看来完全可以用获得结果的满意度所引导的各种反应来解释,而按照神经元是什么和能做什么来解释,[①]看来会更加简单一些。

[①] 这篇讲稿写成并发表在苛勒出版《格式塔心理学》(*Gestalt psychology*)(1929年)以前。我在许多方面从这本最新出版的著作中受益匪浅,但是看来我的讲稿最好不去改动为好。

第九讲

概念的学习

习惯上把人类技能获得中发现的学习或灵长目以下的动物种类在技能获得中发现的学习与人类在解决新的智力问题中发现的学习进行对照。前者称作联想学习(associative learning)或尝试和错误学习(learning by trial and error)[更合适的名称应该是尝试和成功(trial and success)学习];后者则可以称做观念学习(learning by ideas)。

迄今为止,在我们的讨论中无须作出这种比较。情境-反应公式(situation-response formula)适合于包容任何种类的学习,不论它是有观念或无观念,有意识或无意识,冲动或审慎,也不论它是否由于自然的力量,由于格式塔(Gestalt),或者甚至由于奇迹而产生;而关于相属性(belonging)、可接受性(acceptability)、情境的重复、联结的重复、满意的结果和讨厌的结果的影响,情境的可认同性(identifiability),反应的可获得性(availability)等事实,当观念像任何其他东西一样成为反应时,都可以看

做是真实的。但是这种比较之所以值得注意,仅仅是因为它在心理学历史中所具有的重要性。

一般运用的比较并不依赖于观念的精确定义,我们最好将其暂时搁置一边,并一起来避免这种情况。我们都以一种模糊和一般的方式认识到,一个男孩在接触游泳教师或游泳书籍之前的那些日子里学习游泳,和这个男孩在学习解答"3乘以一个数再加上这个数的一半等于21,这个数是多少"时两者之间的差别。

在动物学习的事例中,这类比较可以用小猫的尝试与成功学习的例子来加以说明,也可以用苛勒关于黑猩猩学习用一根棍棒将食物拉向笼子的例子来加以说明。1898年,我写了关于小猫的情况:

> 除了第11号和第13号2只猫以外,其余的猫的行为实际上都是一样的。当猫被放进箱子以后,它表现出明显的不舒服迹象和试图逃离牢笼的冲动。它尝试挤过任何空档;对铁条或铁丝又抓又咬;它突然从箱子的空隙处伸出爪子,抓住够得着的任何东西;当它能使所抓住的东西松动时,它便继续用力;它也会抓箱子里面的东西。它对箱子外面的食物并不十分注意,看来就是本能地想要逃出牢笼。它用来挣扎的气力和耐力是不同一般的。它可以连续8分钟或10分钟不停地抓呀、咬呀、挤呀。至于第13号猫是只老猫,第11号猫是只特别懒的猫。这两只猫的行为有所不同。它们并不用力挣扎,也不持续不断地挣扎。在某些场合,它们甚至一点也不挣扎。因此,有必要让它们从箱子里出来几次,每次给它们喂食。在把它们放出箱子和得到食

物联系起来以后,任何时候只要把它们放入箱子,它们就会尝试着爬出去。即使在这个时候,它们也不会用力地挣扎,或者像其他的猫那样十分冲动。无论在哪种情况下,无论挣扎的冲动是由于对囚禁的本能反应还是由于一种联想,都很可能成功地使猫逃离箱子。在箱子里,以冲动性挣扎而到处乱抓的猫大概也会抓住绳子或绳圈或按钮以便把门打开。逐渐地,所有不成功的冲动都会消失,而导致成功行为的特定冲动却会由于结果的愉快而被印刻(stamped)下来,直到经过多次尝试以后,猫在被放入箱子里以后,就立即以明确的方式抓按钮或绳圈了(1898年,p.13)。

苛勒写到的切古、纽瓦和柯柯3只黑猩猩的情况如下:

它(切古)被人从睡觉处领到装有栅栏的笼子里,在里面度过醒着的时间。在笼子外边,在它特别长的手臂够不着的地方,放着水果。在笼子里面的一侧,靠近栅栏处,有几根棍棒。

切古先尝试用手去取水果,当然这是徒劳的。然后它便退回来,躺下;接着它做了另一次尝试,结果又只好放弃。这种情况持续了半个多小时。最后,它索性躺下,不再对笼外的水果发生兴趣。就它而言,这些棍棒好像不存在似的,尽管这些棍棒就在它身旁,不可能不引起它的注意。但是,现在一些正在栅栏外面嬉耍的较年幼的动物开始注意到食物,并一步步挨近它。切古突然站起,抓住一根棍棒,十分灵巧地把香蕉朝自己方向拨弄,直到用手够得着为止。在这次行动中,它直接把棍棒放在香蕉的后端。它先用左臂,

然后用右臂,并经常从一只手臂换到另一只手臂。它不像人那样始终握着棒,而是有时候像抓食物那样用第三指和第四指夹住棒头,而大拇指则从另外一侧压住棒头。

纽瓦在到达(1914年3月11日)后的第3天开始接受测验。这时它与其他动物尚未熟悉,而是单独关在笼子里。在它的笼子里放有一根棍棒。它用棍棒刮地,把香蕉皮集中成一堆,然后心不在焉地将棍棒丢弃在距离栅栏0.75米的地方。10分钟以后,在笼子外边它够不着的地方放置水果。它先去抓它,这当然是徒劳的,然后便开始了典型的黑猩猩式的抱怨:它将两片嘴唇往前伸,尤其是下嘴唇往前伸,伸出大约2英寸,向观察员探询般地注视着,同时发出呜咽声,①最后突然仰面朝天往地上一躺——这种姿势充分地表现出了它内心的绝望,这在其他场合也可以看到。这样,在悲痛和恳求中又挨过了一些时间,直到——用水果向它展示以后大约7分钟——它突然向棍棒看了一眼,然后就停止了哼哼,抓住棍棒,将它伸到笼子外面,终于碰到了香蕉,尽管看上去有点笨拙,但却能慢慢地将香蕉拨到自己手臂够得着的地方。此外,纽瓦直接将棍棒放到水果的后端。在这次试验中,和在以后的一些试验中一样,纽瓦偏爱用左手握棒。过了1小时的间隔以后,又重复了这个试验。在第2次试验中,纽瓦比上一次更快地求助于棍棒,而且更熟练地使用它。在第3次重复试验时,它会立即使用棍棒,

---

① 正如人们熟知的那样,黑猩猩从不流泪。

以后几次试验都这样。纽瓦只经过很少几次重复便充分发展了使用棍棒的技能。

柯柯在到达（1914年10月7日）后的第2天像通常一样被链条缚在树上。实验者把一根细棒悄悄地放在它够得着的地方。一开始它没有注意到，尔后它咬棍棒大约有1分钟。过了1小时，在它的链条为半径形成的圆圈外面放1只香蕉，这还是它够不着的地方。柯柯想用手去抓香蕉但没有成功。经过几次无用的尝试以后，它突然抓住了棍棒（棍棒在它后面大约1米远的地方躺着），然后注视着香蕉，接着又让棍棒掉到地上。接着，它努力地想用一只脚抓住香蕉。它的脚可以比手伸得远些，由于它的脖子上系着链条，致使它最终还是放弃了这种取物的方式。嗣后，它再一次拿起棍棒，将香蕉拖向自己，尽管动作十分笨拙（1925年，pp. 31～34）。①

在观念学习的标准中，最令人满意的标准之一是从完全无能变化到掌握的突发性（suddenness）。这种变化有时是以成功率突然上升到将近100%反映出来的，有时则是以对一种情境选择正确反应所需的时间突然减少而表现出来的。作为样本，我摘引了1901年报道的用猴子进行的实验。

这些记录和18～26页、33～34页上关于小鸡、猫和狗的记录，以及第37页上关于"动物智力"的记录都是无可否

---

① 苛勒《类人猿的智慧》（*The Mentality of Apes*）[哈考特，布兰斯公司（Harcourt, Brace and Company）]。

认的。后者实际上是相当一致的,除了最易操作的情况以外,随着不成功的运动逐渐消退,成功的运动逐渐得到强化,一种渐进的学习(gradual learning)过程表现出来了,这些是十分一致的。另外,除了最难操作的情况以外,随着不成功运动的迅速而即刻的放弃,并选择合适的运动(这种合适的运动可以与人类在相似操作中作出的突然选择相匹敌),一种突然获得的过程表现出来了。我们可以自然地推测,那些突然用单一而明确的拉钩子或杠杆的动作取代大量一般性的拉和抓的动作的猴子已经具有一种钩子或杠杆的概念,以及它们借此运动的概念。它们的进步速率和猫、狗的进步速率是如此的不同,以至于我们不得不把其原因想象为一种完全不同的心理功能,也即自由观念(free ideas)取代了模糊的感觉印象和冲动。但是,我们对这些结果的解释不该过于匆促。我们必须首先考虑由猴子进行的学习的快速性有若干其他可能的解释,然后方能得出结论认为,在人类方面使联想得以突然形成的力量是存在的(1901年,p. 15f)。

我关于区别(discrimination)的实验属于以下一般的类型:我让动物通过某种充分规定的动作养成对某一信号(一种声音、运动、姿势、视觉呈现或诸如此类的信号等等)作出反应的习惯。在即将描述的例子中,这种充分规定的动作是让动物从习惯于躲在笼子顶部的位置下到笼子的底部。然后我就给它一点食物。当这种习惯完全形成或部分形成之后,我就开始把那种信号和另一种相似的信号相混合,以便使该动物用同样的方式作出反应。在我发出这种混合信号的情形中,我并不提供食物。由此我可以确定该动物是否确实能够区别信号,以及在能够区别的情况下它朝着该能力的方向迈进的情况。如果一个动物不加区别地对两种信号都作出反应(也就是说,没有学会对"无食物"的信号不加理睬),那么,就用两种相似的信号对它进行测试,在发出一种信号以后,你在一处给它喂食,并在发出另一种信号以后,你在另一处给它喂食。

如果动物通过训练而获益,也即训练动物获得两种信号的观念,并将两种信号与"食物"和"无食物"的观念相联系,与"下来"和"待着不动"的观念相联系,进而用这些观念控制其行为,那么我们便有权利期望,该动物一定会从完全不能区别信号转变为完全能够成功地区别信号。动物将拥有观念,或者将不拥有观念,并且会采取相应的行为(1901年,p.20)。

上述这种变化的突然性的标准自那时起就被经常运用,特别是由耶基斯(R. M. Yerkes)和苛勒在他们对高级类人猿的研究中加以运用。此类标准简单和客观得令人钦佩,而且不像最坚定的内省主义者(introspectionist)和最偏激的行为主义者(behaviorist)那般苛刻。

还有其他一些有用的标准,明显地有反应的性质(nature of the response)。如果反应是在动物原来的本能和习惯中没有发生过的,但必须通过这些本能和习惯中若干要素的组合,或者通过改变一种或多种成分来加以组合,而且如果这种组合是通过某种内部的排练或构造而发生,那么这就涉及概念的使用。

我将在后面的讲演中讨论这种学习的演化。我们目前所关

心的问题是它的性质和支配它活动的原则。我们特别关注于发现它如何与运用、效果、情境的可认同性、反应的可获得性、个别活动、协同活动、心理定向等原则建立联系,以及它是否涉及在这些原则之上和这些原则之外的原则和力量。

(1) 观念学习具有分析的特征。完整的情境在思维中被它们的一些要素所取代。精细的和隐匿的特征被提取出来以便加以强调。例如,对于狗的心理来说,一块骨头是它所期望的、能够被抓和被咬的一个完整的东西;而对于人的心理来说,一块骨头是 6 英寸长的东西、一块含钙的化合物、一根水平线、一根垂直线、一件武器、一根杠杆、一个重物,或者人所吃剩的东西。

(2) 观念学习,顾名思义,其特征是作为情境或反应或两者的观念的频繁出现。狗、猫、小鸡和老鼠表现出来的大多数学习是由这样一些联结所组成,它们从外部的或知觉的情境直接通向身体活动或者通向密切地依附于这些活动的冲动倾向。人类的顿悟学习(insight learning)则是依靠观念的帮助来运作,这些观念不受狭隘性的限制。

(3) 这些观念中有些可能十分抽象和精细。例如,2、3、4、5 等基数,以及位置或序列的观念。它们依附于下列这些词:"在……里面、在……上面、向上、向下、在……上方、在……下方、在……之前、在……之后、长的、短的、快的、慢的、又一次"等。

(4) 这些观念中有些观念具有一般意义(meaning)或参照物(reference)。

(5) 它们往往以系列形式排列,形成一种内部的排列或计划。

(6) 观念学习还往往具有选择的特征——在情境内部对活

跃的或优势的要素进行选择，并从几种可能的反应中选择一种。

因此，我们必须研究分析的心理学（psychology of analysis）、抽象概念和一般概念的心理学、内部计划的心理学（psychology of inner planning），以及选择的心理学（psychology of selection）。

在所谓"高级"的学习形式中，分析变得明显起来，但是，实际上几乎所有的学习都是分析的。前一讲把零星活动（piecemeal activity）和分化说成是一种情境活动的共同特征。联结很少从一种完整的情境中引导出来。这种完整情境的所有部分都以相等的功效运作着。在任何一种联结中，很可能有较小的联结从情境的部分通向反应的部分。情境的任何一个部分不仅与整体的反应相联系，而且还有可能与某个部分优先联系或联结。当这样一种情境部分单独发生或者在不同的背景中发生时，它便趋向于引起整体反应。这个整体反应不仅与先前的部分密切相关，而且也与先前的背景密切相关。它还特别趋向于引起优先的联结所导致的以前反应的那个部分。如果这种优先的联结强有力的话，它就可能是对一种情境（这种情境由旧的要素组成，或者由部分加上新背景所组成）作出反应的占支配地位的决定因素。一个人与情境的要素形成大量的联结，其中有些是很精细的抽象的要素。一个人的智力生活由分析、抽象或分解所组成，以便用可认同的和有用的形式获得这些要素，如同在他得到它们以后与它们形成联结一样真实。例如，在学校里，学习语言、阅读、算术、语法和科学主要由一些操作组成，从事这些操作可将一些方面、关系和抽象特征从它们所隐匿的完整的事物和事件中分离出来。

　　这些操作,对于特别迟钝的儿童来说,是难以成功的。表面看来它们似乎不像学习普通习惯中运用的操作。从历史角度看,抽象被人们分离出来作为一种比联想更高级和更逻辑的活动。结果,人们被诱导去假定某种新的和特殊的分析力量,以便把这些要素从完整的情境中分离出来,或者使它们在这些情境中被认识。

　　实际上,这种特殊的力量是不需要的。对于发生在这些情形中的事情的考察[随着由詹姆斯(W. James)在其关于变化的伴随物(concomitants)的区分律(law of discrimination)中提供的引导]提供了更具有可能性的解释。一种要素通过多次出现被提高到独立于任何背景的东西,而每一次出现都具有同一种优势的联结,其余的反应随着要素的变化背景而变化。

　　考虑一下我们在引起一种要素的抽象化方面实际上做了些什么。我们使用三种手段:对要素的注意,变化的伴随物,以及对比或对立。在每一种手段里,正是联结引起了分析。我们用使用律(law of use)和效果律(law of effect)来操作的、比普通的联结过程既不多也不少的方式将一种要素从整体中分离出去,或者把一种要素提高到涵盖整体的位置上面。

　　例如,假定被抽象的特性或要素是"六"。我们展示几组6,比如说6个男孩,然后将注意力引向"多少"。我们给出下面的指导语:"有多少男孩站在这里?有没有超过4个人?杰克和弗雷德是2个人,加上汤姆是3个人,加上迪克是4个人,加上亨利成了5个人,鲍比来了变成6个人。因此共有6个男孩站着。""这里有多少支铅笔(出示5支铅笔)?现在我再加上1支。5加1等于6。"

我们让学习者对许多情境作出反应,每种情境都包含6,但是伴随物有变化,选择这些情境,以便促进整个反应。每种反应由两部分组成,一部分在形成与"六"的优先联结方面始终是同样的,另一部分在形成与变化的伴随物的优先联结方面始终是不同的。例如,我们形成如下的联结:

见到6名男孩并想

"有多少男孩?"→有6名男孩。

见到 ⁚⁚⁚ 然后想

"有多少圆点?"→有6个圆点。

见到一条由6英寸构成的线

|⎯⎯|⎯⎯|⎯⎯|⎯⎯|⎯⎯|⎯⎯| 然后想

"这条线有多少英寸长?"→有6英寸长。

听到6下轻叩,然后

边听边数1,2,3,4,5,6,接着想

"轻叩了多少下?"→轻叩了6下。

类似的上述情形有12种,于是,我们有了与"6"联结着的"六"的发生12次,而与"6"的发生联结着的男孩、圆点、长度、轻叩等只有一次发生。

我们也可以安排一些情境,其中伴随物不仅变化,而且形成对比或对立,例如在6名男孩之后用6名女孩,或者在6英寸后用6英尺。但是,通过对比或对立,我们指的是与两种情境的两种对比要素具有优先联结的反应要素,在很大程度上不能同时形成。如果我们有5种这样的对子,形成的联结如下:

六＋a→6＋A

六＋a 的对立→6＋(－A)

六＋b→6＋B

六＋b 的对立→6＋(－B)

六＋c→6＋C

六＋c 的对立→6＋(－C)

等等。

整个结果是六与 6 联结 10 次,每次联结都是六和 6 与 A 和－A,B 和－B,C 和－C,D 和－D,E 和－E 相联结。在某种意义上,后者的倾向彼此抗衡(counterbalance),以便学生不会说或想"男孩—女孩",或"英寸—英尺",或"黑—白",或"长—短"。这样六与 6 联结的倾向既由其自身的频率来加强,又由对伴随物作出反应的削弱的竞争来加强。我们还可以在要素本身及其对立之间进行比较,甚至可以将两种对比一起运用,最后一种情形的联结可以表示如下:

$a＋b→r_1＋r_2$

a 的对立物＋$b→r_{不是1}＋r_2$

a＋b 的对立物→$r_1＋r_{不是2}$

a 的对立物＋b 的对立物→$r_{不是1}＋r_{不是2}$

$a＋c→r_1＋r_3$

a 的对立物＋$c→r_{不是1}＋r_3$

a＋c 的对立物→$r_1＋r_{不是3}$

a 的对立物＋c 的对立物→$r_{不是1}＋r_{不是3}$

等等。

于是，从 a 到 r_1 的一些联结得到了强化；从 a 到 r_2 和 $r_{不是2}$，以及 r_3 和 $r_{不是3}$ 等的联结则彼此具有干扰性。结果，从 b、c 等等到 r_1 的一些联结被从 b、c 等等到 $r_{不是1}$ 的一些联结所抵消。

我们运用了一些比较，让学习者对 4 名男孩、5 名男孩、6 名男孩作出适当反应；对 4 支铅笔、5 支铅笔、6 支铅笔作出适当反应；对 4 顶帽子、5 顶帽子、6 顶帽子作出适当反应；对 4 下铃声、5 下铃声、6 下铃声作出适当反应；对拍 4 下手、拍 5 下手、拍 6 下手作出适当反应等等。

在这些联结形成期间和形成以后，我们不时地在新背景中用六的要素对被试进行测验，并对他的成功反应予以奖励，直到他在需要时能随时随地辨别出六为止。

在所有这些情形中，没有一种东西超越了联结的形成。要素变得突显，并且通过运用、效果、零星活动和优先联结等活动引起不顾它们背景的反应。这里，起作用的力量不是一些出类拔萃的分析、顿悟或抽象官能，而是一种零星活动的情境倾向和大量联结。它们被如此安排，以便增强从一种要素到某种优先反应的联结，并减弱从中出现的其他一切联结。

这种分析过程为人类提供了抽象概念。这些抽象概念主要表现在所谓"高级"的学习形式之中。它还为人类提供了理解和运用微妙关系的能力。原因、结果、上位（superiorly）、下位（inferiorily）、并列（co-ordination）、从属（subordination）等东西被许多联结中的同样活动从"相关的对子"（related pairs）中分离出来。这些联结中的同样活动把六或长度从事物中分离出来。我们通过这些同样的集中注意的考虑过程、优先的联结、变化的伴随物、对比和对立等等来学习"和、如果、虽然、因为和除非"等词的词义。

在所谓概念(concept)或者一般观念(general ideas)的发展中,它们的过程有所区别,但是基本的力量十分相同。从动力观点来看,一个概念(如人、狗、正方形、圆、三角形、房子、椅子或数字)是一个认同和归类的事物。精确的概念是那些能使一个人对事物和事件正确无误地加以归类的概念。他通过听这类词或其他符号,或者在与属于那一类的事物或事件的许多代表性样本相联系的问题中,或者在与特征的结合陈述(这些特征使一个事物或事件有资格成为该类中的一个成员)相联系的问题中,获得这些概念。在第一种方法中,与事物或事件(它们在某些特征的结合上相似,而在非本质上不同)的大量联结的功效是十分明显的。在第二种方法中,特征本身通过分析而变得可以认同和可以获得。在这两种方法中,概念的发展受到情境的零星活动的帮助。借助这种活动,一个事物或事件不是作为一个总的未分化的单位起作用的,而是作为一个完全包容的要素起作用的。

用观念进行内部排列或计划的心理学很像用物体进行外部排列或计划的心理学,其区别在于,一种情形里的内容是思维,而另一种情形里的内容是活动。一种观念引起另一种观念,因为它通过联结的频率或联结的后效已经和另一种观念联系起来。第一种术语或情境的可认同性原则,第二种术语或反应、尝试和系统的可获得性原则已在其他任何地方得到应用。尤其重要的是尝试的事实——联结往往存在于一种观念$\left(\text{譬如说}\frac{928}{16}\right)$的呈现和所要求的某个其他观念$\left(\frac{928}{16}\text{的商}\right)$之间。它依次又引起各种尝试过程,直到那个要求得到满足为止。于是,过去的习惯和带有选择的尝试在我们的思维系列中得以合作,正如它们在我们的活动系列中进行合作一样。

心理学家习惯于通过选择性思维(selective thinking)和有目的思维(purposive thinking)把技能的获得、习惯的形成、联想和记忆与学习进行比较。对于前者来说,情境决定很少受到人的暂时心向或永久倾向干扰的反应;联结受制于具体事物或事件;练习律(law of exercise)和效果律(law of effect)说明了发生的一切事情。对于后者来说,存在选择、控制或推理;一个人从每种情境中作出选择以迎合他的兴趣,联结受制于他所选择的特征,这些联结或遭阻抑或被促进,而联结形成的规律不适合于解释这种思维的过程。

这样一种比较含有一定的真理性和实用性,但是它在两个方面是错误的。即武断地宣称在大多数联想学习中很少受到心向或倾向的干扰或控制是不明智的;武断地宣称联结形成的规律不适合于解释最具选择性和目的性的思维的动力性质也是错误的。

正如在上次演讲中陈述的那样,一切学习均有赖于学习者的状况。甚至当一个动物看来十分屈从于外部情境时,它的遗传本性和过去经验仍与外部情境协同作用以便决定反应。

在解释选择性思维时,有关习惯形成规律的适合性问题将在后面的演讲中提及。目前,我们可以注意两个事实。第一,选择是一种规律而不是学习中的例外,甚至也不是低等动物学习中的例外。放入鸡栏中的一只饿鸡(能看到外边的食物和伙伴),根据整个感觉刺激作出选择[这些刺激处于它的感受器(receptors)范围之内],有些刺激对其行为产生较大影响,而有些刺激对其行为则产生较小影响。当饿鸡几次朝围栏上跳而未能越过围栏时,这种结果使那种倾向遭到拒斥。同样,在它对情

境的反应中,每一步都代表了本来可以做的许多事情中的一件。从严格的意义上说,这件事的发生决非偶然,而是由饿鸡心理中的一般本性和暂时心向所做的真正选择。

第二,联结的满意结果或讨厌结果是真正的选择力量,甚至在人类最精细的复杂的和理性的学习中也是这样。它们是否需要用更加深奥和更加理性的力量予以帮助或指导,我们现在不准备研究。在所有的事件中,它们是真实的和重要的。不论思维可能成为其他什么东西,它是一系列不同的反应。随着一系列反应的发生,一种或另一种反应得到选择和强调,并被允许决定下一种思维,因为它使某些令人讨厌的愤怒或缺点得以释放,或满足了思维者的某种渴望。某些反应由于无用或有害而不予考虑或遭丢弃,原因是它们未能让人满足,或者因为它们产生了实际的不舒适。这些讨厌之物或满意之物不亚于真实的东西,尽管它们缺乏电击、食物、恐惧或社会认可等感觉特性或情绪特性。在解答算术问题时受挫,如同有机体无法从箱子中逃脱出来到达食物和同伴那里一样是真正令人讨厌的。

它们不亚于真实的东西,因为它们对漫不经心的体验来说是不明显的,而且往往是短命的和象征性的。它们在其存在期间足以使它们起作用:$\frac{1}{10}$秒的讨厌心情会使一个人重新指导他的思想系列。用内心的"OK"形式来表示的象征性满意物,像我们实验中宣布"正确"一样,足以证实和激励某种思路。伴随着某种粗糙的满足之物或讨厌之物的一般的扩散性兴奋也许对学习来说是无关的。看来,它主要是一种使身体准备行动的信号,尤其是作激烈的肌肉运动的信号。它不是向火车头提供动力的蒸汽的喷发或汽笛的鸣叫。

第 十 讲

思维的推理

在许多人类行为中,尤其在有目的的思维(purposive thinking)和问题解决中,存在着许多联结的协同活动(cooperative action)。在某种心理定向(mental set)指引下,许多倾向开始运作,从而使业已产生的有些反应被丢弃,有些反应被搁置一边以便后来接受影响,有些反应则被一起运用以决定下一步思维。

对我们来说,最好认识一下这种协同活动的性质,并在一些有代表性的例子中研究其产物。我所选择的例子是理解联结的谈话、句子和段落。

在听到或读到一个段落时,来自单词的联结和来自各种短语的联结协同起来,以便提供某种完整的意思。如果有关该段落的一些问题得到回答,这些回答便提供了研究这些联结的协同和组织的有用的材料。例如,考虑一下 200 名六年级学生对下列段落和问题所作的反应:

J.

阅读下列短文,然后对1、2、3、4、5、6、7写出答案。正如你经常需要的那样再读一遍。

在弗兰克林(Franklin),只要学校开学,年龄在7岁和14岁之间的儿童就必须每天去上课,除非该儿童病得很厉害,无法上学,或者儿童家里有人患传染病,或者道路不通。

1. 该段落的总题目是什么?
....

		百分比	千分数
J1.	未回答	18	180
	弗兰克林	4.5	45
	在弗兰克林	1	10
	出席弗兰克林	1	10
	弗兰克林学校	1.5	15
	出席弗兰克林学校	1	10
	弗兰克林的日子	1.5	15
	弗兰克林的上学日子	1.5	15
	弗兰克林之事	1	10
	弗兰克林的学生们	0.55	
	弗兰克林上学去了	0.55	
	一个男孩去弗兰克林	0.55	
	这是一位伟大的发明家	0.55	
	因为这是一个伟大的发明	0.55	
	孩子们在场	0.55	

在弗兰克林出现	0.55	
学校	7.5	75
关于学校的叙述	0.55	
关于学校	4	40
男孩生病时学校做了什么	0.55	
孩子该做什么	0.55	
如果孩子生病	2	20
一个孩子多大年龄可以上学	0.55	
如果孩子生病或患传染病	0.55	
生病	1	10
关于疾病	0.55	
病得很厉害	3	30
一种借口	2	20
道路不通	1	10
甚至棍棒也无济于事	0.55	
一些句子	0.55	
由完整的句子构成	0.55	
有意义的句子	0.55	
一组有意义的句子	0.55	
一组句子	3	30
主语和谓语	0.55	
主语	0.55	
句子	0.55	
一个字母	0.55	
大写	5.5	55
一个大写字母	0.55	
开头大写	2	20
第一个词	0.55	

一般的题目	0.55	
好题目	0.55	
留出半寸空间	2.5	25
标题	0.55	
句号	0.55	
一寸半	0.55	
一寸半个大写字母	0.55	
答案	0.55	

在上述这种阅读测验和所有相似的测验里，所做的反应无法予以明显的分类，而是表现出一种多样性，看来很可能难以作出解释。五年级和六年级学生阅读了下述的段落和一些问题，所做的反应表现出类似的多样性。

I

阅读以下段落，然后针对问题 1，2，3，4，5 写出答案。正如你经常需要的那样再读一遍。

大约 15000 名城市工人参加了 9 月 7 日的游行，而且在 20 万欢呼的观众面前经过。游行队伍中男女工人都有，但男工人的数目大大超过女工人。

1. 关于游行队伍中的人数说了些什么？
2. 哪种性别占多数？
3. 当游行队伍经过时，旁观的人们做些什么？
4. 多少人看到了游行？
5. 本段落中描述的事件发生在哪个日期？

对问题 I 的各种答案

200 人	许多人
3000	人群
1000	有大量的男人
18000	男人数超过女人
2000	男人比女人多
5000	有更多的男人
90000	他们在数目上超过女人
25000	数目相等
大约 35000	男人远远领先于女人
大约 20000	男人和女人
10000 以上	公民们
大约 25000	他们是工人
20 万	男女工人都有
那是 20 万	游行队伍里的工人
大约 2000	在所有男工人里
可能在 12 号	城里工人参加游行
大约 2700	工人们参加游行
游行队伍里有 20 万观众	他们重新参加游行
20 万观众	他们参加
200 人欢呼	一些工人参加游行
大约 115000 人在 9 月	参加游行
大约 16000	工人们参加
10 万观众	他们顺利前进
据说关于人们的数目或团体	他们步伐一致
据说他们伟大	他们行进时排得很直
很多很多	他们做好事或坏事

他们参加	他们看上去多么好
他们在200名观众面前经过	当他们看到美国旗时拍手
在观众面前	他们和其他许多人步伐一致
在20万观众前经过	那里的人们
他们有20万欢呼的观众	可尊敬的和善良的
在20万和15000人的面前经过	人们说游行队伍大
他们在大约5000名观众面前经过	他们许多人年纪大
在200名观众面前经过	他们是士兵并且行军
他们在欢呼的观众前行进	他们说停止
3000人向他们欢呼	队长说前进
男女人群向他们欢呼	有许多彩车
他们受到欢呼	人们在战争中被杀
在200名观众前游行	胡搞
游行队伍的观众	9月7日
他们行进得很好	爱尔兰

解开上述之谜的线索在于力量(potency)或权重(weight)的原理。这些反应中的大多数反应是由于与段落或问题中的单词或短语的某些联结力量过强(over potency)或力量不足(under potency)。有些反应则由于错误的联结,也就是说,由于单词的错误词义所造成。有些反应是由于它们发生时未能考察协同的反应,也未能随着它们满足心理定向而迎合或拒斥它们,可是阅读正是为了这个缘故而进行的。有些反应是由于正确的要素被置于错误的关系之中。但是,大量的百分比(也许它们中大多数)完全由于或部分由于权重不适当地依附于联结和反应之上。

首先，让我们考虑一下问题中要素的力量过强。关于段落 J 的第一个问题是："该段落的总题目是什么？""段落"的力量过强由下述反应显示：

几句句子	主语和谓语	大写
由完整句子构成	主语	一个大写字母
有意义的句子	句子	
一组句子	一个字母	

当"题目"（topic）中的 top-和"段落"（paragraph）都力量过强时，我们就有了这种反应，如"留出半寸空间""一寸半""一寸半个大写字母"，以及"段落的题目要缩进一寸"。

关于段落 J 的第二个问题是：一个 10 岁的女孩在哪一天可被认为不去上学？

我们发现"天"的力量过强现象由"星期一""星期三"和"星期五"表现出来；"10 岁女孩"的力量过强现象表现在"这个 10 岁女孩将得到全优，5 个 A"。

"10 岁"以有趣的方式表现力量过强，也即表现在"在她生日那天"的大量反应中。"上学"的力量过强表现在以下一些反应中："与弗兰克林一起到场"，"每天上午 8：30 到校"，"她应当"以及"因为他在学习"。

接着，让我们考虑一下本段落中词和短语的力量过强和力量不足的问题。下面列举的反应说明从本段落中取出的 10 个词中每一个词都力量过强，以至于在对头 3 个问题的每一个问题进行反应中明显表现出具有影响力（而在 7 种情形中对第 4 个问题也有影响）。这些都发生在五年级到八年级学生所做的

500个反应之中。至于力量不足的例子更易于搜集到。

这些问题如下：

1. 该段落的总题目是什么？

2. 一个10岁女孩在哪一天可被认为不去上学？

3. 在弗兰克林，义务教育的年龄在哪个年龄段？

4. 不去上学的借口有多少？

（下述数字表示以有关词或词组或句子作出反应的问题号码。）

弗兰克林　1．弗兰克林。　1．弗兰克林和疾病。　1．弗兰克林题目。

2．弗兰克林。

3．因为它是个小城市。3．弗兰克林在学校里141年了。

出席　　　1．出席。

2．与弗兰克林一起出席。

3．在弗兰克林要求儿童上学。　3．上学130天。

学校　　　1．学校。　1．他们必须了解他们的课程。

2．开学时。

3．在学期中。　3．在学年中。

七　　　　1．7和14。　1．一个孩子该多大。

2．他该在7岁时上学。　2．在7岁和14岁之间。

3．7岁。

4．7岁以下。

十四	1. 在7岁和14岁之间的每个孩子。		1. 在弗兰克林他们有多大。
	2. 每天的14。	2. 14年。	
	3. 14年。	3. 14。	
	4. 7到14。		
每个	1. 每个孩子。		
	2. 每天盼着。	2. 在每天。	
	3. 每年。	3. 在14或13之间的每个孩子。	
	4. 每天。		
生病	1. 疾病。	1. 病得很厉害。	1. 假如孩子病了。
	2. 生病。	2. 很糟的喉咙。	
	3. 除非生病他不能上学。		
	4. 当孩子生病时。	4. 一定病了。	
传染的	1. 传染病。		
	2. 如果她生病或者患了传染病。		
	3. 传染病。		
	4. 传染病。		
疾病	1. 发烧。	1. 关于疾病。	
	2. 常常生病。		
	3. 除非生病或传染病。	3. 疾病。	
	4. 一种可怕的病出来了。	4. 因为当一个男孩患病时。	
阻塞	1. 道路不通。	1. 雪。	
	2. 当道路不通时。		

3．7到14年或者道路不通。

4．或者道路不通。

情境的任何一个要素也可能拥有比它应该拥有的少得多的力量。以下是五年级至八年级学生对于段落Ⅰ中问题1～5所做的反应情况。

问题1

"大约"——（未能把这个词包含在对问题1的反应之中,这是十分普遍的。）

"15"——"千"

"关于……说了些什么"——"可尊敬的和善良的"，"他们顺利前进"，"他们行进时排得很直"，"他们做好事或坏事"以及许多类似的反应。

"人数"——"他们是工人"，"男人们和女人们"，"他们重新参加游行"，"在欢呼的观众前走过"。

"谁在游行队伍中前进"——"20万"的许多反应，"他们向他们欢呼"等等。

除了"游行"一词以外整个问题1都是力量不足的——"有许多彩车"。

问题2

"哪一种"——"游行队伍中男女工人都有"，"那里有男女工人"，"两种性别的工人们"，"男人们和女人们"，"两种性别"，"他们中的工人"。

"性别"——"城市工人"，"纽约的城市工人"，"所有人中的指挥者"，"工作"，"前面的一些人"，"旁观者们"，"欢呼","15000 人"。

"大多数"——"女人们","女性性别在数量上超出"。

"哪一种（性别）……占多数"——"性别观众","性别","在游行队伍中","游行队伍中的性别","在游行队伍中有其他性别的人们"。

问题 3

"……干什么"——"他们受到人们欢呼","200 人"。

"人们"——"轻触帽檐"。

"人们瞧着……"——"在 200 人面前走过","在一些欢呼的观众前走过"。

"当……面前经过时"——"在 20 万欢呼的观众前经过"。

"它"——"他们向他们致敬","他们向他们欢呼"。

"欢呼"——"视察游行","他们高兴见到它","他们谈论它"（和许多其他的事）。

除了"游行"以外，全都力量不足——"9 月 7 日","第 7 大道"。

问题 4

"见到游行"——"男人们在数目上超过女人们","数量上大大超出"。

"2"——"大约 10 万","10 万","30 万"。

"百"——"2000"。

"千"——"200"。

"200"（千）——"15000","大约 15000","25000 以上","500 以上","大约 10000","大约 5000","大约 1000"。

问题 5

"什么日期"——"在游行中有男女工人们","认为这男人养肥了","被描绘的","游行中的性别","游行队伍","数量上超出的女人们"。

"段落里描写的事件"——"1915年3月4日","3月17日","1903年4月23日","11月4日","12月4日","在星期五","3月17日","3月18日","圣·帕特里克节(St. Patrick day)","在2月22日","圣·帕塔克(St. Pattac)","1492年","1776年","1820年"。

"七月"——"9月17日(一个普遍的错误,往往由于概念错误或者记忆)","9月"。

有时要素或因素的正确权重实际上只是简单地选择正确的或基本的要素也即让一个要素具有充分的力量,并将所有其他的力量减少至零。然后,我们便有了推理的情形,从威廉·詹姆斯(William James)的经典描述中引述的这种推理是很著名的。[①]

它包含了分析和抽象。由于经验主义思想家盯住一桩事实的整体,结果变得无所作为,或者被"难住",如果不提示任何伴随物或相似性,那么推理者便会将事实的整体进行分解,并且注意分离出来的属性中的某一个属性。这一属性在他看来是他面前的整个事实的基本部分。这种属性具有特性和结果,此时该事实尚未具备,但是,既然人们注

---

① 威廉·詹姆斯《心理学原理》(*Principles of Psychology*),亨利·霍尔特公司(Henry Holt and Company)。

意到包含的这种属性，那它一定具有了。

将事实或具体的数据称作 S；

基本属性称作 M；

属性的特征称作 P。

那么从 S 推理 P，如果没有 M 的媒介作用便无法进行……推理者用它的抽象特性 M 去替代他原先的具体的 S。对 M 来说是真实的东西，与 M 进行联系或配对的东西，对 S 来说也是真实的，也是与 S 进行联系或配对的。由于 M 是整个 S 的组成部分中合适的一个部分，推理便可受到充分的限定，如同用 S 的组成部分及其含义或结果去取代整体一样。而且，推理者的艺术将由两个阶段组成：

第一阶段：洞察力（sagacity），或者是发现哪个部分的 M 置于整个 S 之中的能力；

第二阶段：学习，或者是立即回忆 M 的结果、伴随物或含义的能力。(1893 年，第 2 卷，p. 330)

威廉·詹姆斯在《心理学简明教程》(*Psychology-Briefer Course*) 第 357 页和第 362 页上又写道：

一个事物的本质在于它的特性，这种特性对我的兴趣来说是如此重要，以至于在对它进行比较时我可能忽略其余的特性。在那些具有这一重要特性的其他事物中，我将它进行了归类，对这一特性进行命名，并构想（conceive）了具有这一特性的事物；而在对它进行归类、命名和构想的时候，一切有关它的其他事实对我来说便等于零……

推理始终是获得某种特定的结论，或者去满足某种特

殊的好奇心。它不仅将摆在面前的数据进行分解,进行抽象的构想,而且还必须正确地构想。正确地构想意味着用那种特殊的抽象特征进行构想,这种抽象特征导致一种结论,它是推理者暂时有兴趣获得的……

洞察力。若要推理,我们必须能够抽取特征——不是任何特征,而是那些可供我们下结论的正确特征。如果我们抽取了错误的特征,便不可能得出那种结论。①

将一个要素选择出来使之具有充分的权重,并将所有其他的权重降低至零,这种情况被视作一个有局限性的特例,而不是推理的普遍规律。

普遍规律是,正确的思维需要为情境的每个要素提供合适的力量。思维之所以有可能错误或不恰当,不仅由于未能将情境的基本要素检出来,而且由于(这种情况更为经常)对情境的任何一个要素或特征赋予太多或太少的权重。

将事物综合起来进行思考的下一个重要特征是把事物放在恰当的关系中进行思考。为每件事物提供恰当的权重,从而能唤起适当的联想。但是,如果事物的关系一旦混乱,思维就会误入歧途。在对段落的理解中,我们得到以下的例子:

该段落如下:

"你需要一个煤灶,以便保持厨房温暖,并能连续供应热水。但是,在夏季,当你需要凉爽的厨房和较少的热水时,使用煤气炉灶便比较好了。xyz 炉灶是较为安全的。

---

① 威廉·詹姆斯《心理学简明教程》(亨利·霍尔特公司)。

在炉灶末端有一套额外的燃烧器供烘烤之用。"

问题是：

"将煤灶改为煤气炉灶对厨房温度产生哪些影响？"

回答是：

"凉爽的厨房可供煤气炉灶使用。"

在思考具有相似特征的物体时，由于关系的误置而造成的这种荒谬通常可以通过想起这种概念的不可能性和不适宜性而得到补偿或防止。但是，在用符号进行思考或用不熟悉的内容进行思考时，它们却很普遍。

请考虑以下问题：

A 现在拥有的钱比 B 的钱少 5 美元，在 C 将 3 倍于 B 的钱给了 B 以后，这时 A 所拥有的钱只是 B 所拥有的钱的一半的一半的一半，如果 C 给了 A 2 美元，请问这时 A 有几美元？

如果让 1000 名七年级或八年级的学生对这个问题提供解答，那么他们的反应可能包括除了正确的关系组合（combinations of relations）以外的大量的关系组合。C 将会以接受者而不是提供者的面目出现；给 A 的钱将会被授予 B，或者给 B 的钱却给了 A；某物的一半的一半可能反而会增加；5 元钱将会从 A 的钱中扣除；甚至还会作出更加古怪的 5、3、2 和 $\frac{1}{2}$ 的转换。

随着思维的进展，它的每种组成反应（constituent responses）有待于证明。如果在作出思维的一般心向的判断中，思维的每种组成反应通过了检验，那么它本身就会在决定进一步的反应中被提供权重。或者它被拒绝，或者在这个或那个特征中得到修正。思维可能错误或不适当，原因在于这个证明过程过

于容易,以至于不能纠正这样一些错误:给要素赋予权重,把这些要素关联起来,用它们来引发正确的联想。

考虑一个智力问题并为该问题提供一个答案或解决方法的人,往往受到该问题中每个要素倾向的困扰,从而采取不适当的力量,将其合适的关系错位,就其本身进行联想而很少考虑一般的心向或顺应。如果这个人确实得到了正确的解答,那就意味着一个精心制作的联结层次(hierarchy of connections)正在运作,而且一种十分精巧的力量平衡得以维持。就我们举例中提及的那些错误内容,导致这些错误的大多数倾向(如果不是全部的话)也存在于不犯这类错误的学生之中。这些倾向存在着,不过被其他竞争的和合作的倾向阻止去决定最后的反应。

决定思维方向的力量的组成部分是高度精心制作的和复杂的,但是力量本身却十分简单。它是情境中的要素,以及导源于这些要素和各种组合(由思考者过去的经验和目前的顺应所提供的)的联结。

力量过强和力量不足,要素的错位所导致的错误关系,以及不完善的或错误的联想,所有这些简单的事实都可用来解释思维中的错误。反之,要素的正确加权(weighting),要素定位于正确的关系之中,并与正确的联想相联结,所有这些都可用来解释正确的思维。从表面上看,也从力量上看,思维和推理不同于自动作用(automatism)、习俗(custom)和习惯。但是,就它们的基本性质而言,它们并非自动作用、习俗和习惯的对立面,而是它们的骨中之骨和肉中之肉。只要联结与情境的要素在一起,而不是与情境的总体在一起,只要联结以精细而复杂的组织进行竞争和协作,那么,思维和推理便会显示出简单的一般的联结

律的行为。这种考察和证明(后继的每一步骤均会借此受到欢迎、修正或抛弃)由情境—反应的联结所组成,其中各种联结得到珍视、重复和否认等等。

由此,我得出结论:人类行为的一般规律不仅解释了一个孩子如何学习讲话或自己穿衣,为何在早上起床和晚上睡觉;而且还解释了一个人如何学习几何学或哲学,在最为抽象的问题中为什么成功或失败;它还解释了在固定的习惯和推理之间不存在基本的生理学对比。

但是,我还得出结论:用来理解[比如说对物理学教科书的一页内容作出理解或者对圣保罗(St. Paul)书信中的一章作出理解]的联结的竞争和协作的复杂性和精细性(其中每个联结被提供某种力量并以某种关系对其他联结起作用),联想主义心理学迄今远未作过任何描述。为了理解哪怕是这样一句普通的句子——如"假如约翰和玛丽饭前到你屋里来,请带他们到池塘边来"——所形成的神经元联结数将会超过 10 万,而其中 1000 以上的联结或它们的派生物可能在该句子被听到和被理解的几秒钟里活跃起来。

第十一讲

一般学习的演化

对一个动物而言,同样的变化可能作为一种学习的特征而发生,或者以其他的方式而发生。曾经咬过某种物体的动物,现在会对该物体漠不关心,因为它已经学会了忽略这个物体,或者因为它已经长大不再需要该物体的味道,或者因为它现在不饿,或者因为它的肌肉尚未准备收缩。学习是一种变化形式,它与仅仅由于特定的外部情境的关系而引起的内部发展的变化是有区别的,因为学习所引起的变化速度要快得多。此外,学习与适应、疲劳、兴奋性、压抑和其他一些生理改变状态(physiological shifts)也有区别,因为学习所引起的变化更具永久性。

在动物发展的早期阶段,我们称之为学习的变化与我们称之为适应或疲劳的变化是难以区别的。确实,如果在感受器(sense-organs)和肌肉等无法加以分离的动物身上,我们对该动物每分钟轻触一次,那么该动物对这种轻触的反应便会越来越少,并在下一个小时或下一个天仍然和先前一样,我们就可以说动物已经适应了,或者感到疲劳了,或者学会暂时不去注意它了。至于那些称作学习的变化如何从生活情境的更为一般的可变性(modifiability)中演化而来,我们并不知道。这始终是未来比较生理学和比较心理学(comparative physiology and psychology)的一个引人入胜的研究课题。

我们将从动物由于某些经验而作出改变来开始我们的学习故事,而不是仅仅从内部生长引起变化来开始我们的学习故事,因为动物对同样的外部情境作出反应与它在获得那些经验之前所做的反应是不同的,而且还以不同的方式保持了这种变化,比之以兴奋性方式产生的适应、疲劳或变化,学习所保持的这种变化的时间要更为长久。

在动物史中,这种情况可以追溯到很远的时期。由 R. M. 耶基斯(R. M. Yerkes,1912)所做的蚯蚓研究表明,在蚯蚓遵循着趋向暗处的原始倾向时给予电击,蚯蚓便会转而趋向亮处。根据 H. 皮埃隆(H. Piéron,1911a 和 1911b)的实验,当一个影子投向蜗牛的触角时,它会缩回其触角。随着实验的进行,经过若干训练之后,蜗牛便停止这样做了。西曼斯基(Symanski,1912)和 F. J. 特纳(F. J. Turnet,1912)教会蟑螂沿黑暗的边缘向后走,从而避免电击。蟑螂还能学会选择正确的通道,以便走出简单的迷宫。螃蟹和龙虾能够学会选择正确的道路,以便返回水里[耶基斯,1902;耶基斯和休金斯(Huggins),1903]。所有的脊椎动物显然都具有学习能力。

在几乎整个学习范畴内,学习的一般模式和特征是极为相似的。软体动物和节肢动物——鱼类、两栖类、爬行类、鸟类和哺乳类表现出基本上同样的学习过程。这种学习过程可以从两个具体的例子中得到最佳观察,一个例子来自最低级的脊椎动物,一个例子来自最高级的脊椎动物。

把一种叫做芬德勒斯(Fundulus)的小鱼关入水箱明亮处的一端,水箱中隔着一张金属丝网,网上有一个洞,小鱼朝阴暗处游去,结果鱼鼻子撞到网上。然后,小鱼转过身来游回原处,接着又朝阴暗处游去,结果再次碰了鼻子。这一行为连续发生,直到它找到网上的洞,并通过这个洞游到了水箱的阴暗处。待小鱼在阴暗处充分享受过之后,又被轻轻地放回到网的另一边。小鱼像先前一样作出反应,但是,一般说来,撞网的次数减少了,而且能够较快地游到网洞处。如此这般地进行试验,小鱼离开网洞方向的次数越来越少,撞网的次数也越来越少,并能越来越快地找到洞口,最后达到这样一种程度,即一旦被放入网后那个惯常的地方,它便立即朝洞口方向游去,并迅速穿过网洞而游到另一边。

把一只叫做西伯斯(Cebus)的猴子关入一个大笼子里。笼中置一只箱子,箱门关着,由一根金属线系在一枚钉子上,钉子插在箱子顶部的洞眼里。如果把钉子从洞眼里拔出,箱门就可拉开。箱子里放着一根香蕉。猴子由于受到新奇东西的吸引,便从笼顶上下来,在箱子周围忙乱起来。它拉拉金属线,拉拉门,还拉拉箱子前部的栅栏。它把箱子推来推去,并把它上下翻转。它玩弄钉子,终于将它拔了出来。当它碰巧再次去拉箱门时,门当然可以开启了。于是,它将手伸进去,并得到了里面的食物。前后一共花去36分钟时间,方才得以获得箱内之物。接着,箱子里放进另一根香蕉,复把门关上,于是第一次尝试中出现过的行为再度发生,但是,无效的拉翻动作发生得较少了。在第二次尝试中,总共花去 2 分 20 秒时间便获得箱内之物。经过反复的多次试验以后,猴子终于完全消除了无效的动作,一旦箱子被放入笼中,它便去把钉子拔出并把门打开。我们可以说,它已经学会获得箱内之物了。

在这些学习行为中,所涉及的过程显然是一种选择过程(process of selection)。猴子面临着一种情形或"情境(situation)"。它用一系列行为作出反应,反应的方式受到它先天的本性或先前的训练的影响。这些行为包括适当的特定行为或系列行为,而且还为此得到奖励。在继后的尝试中,导向这一行为或系列行为的联结(connection)越来越得到增强;这种行为或系列行为越来越密切地与那种情境联系起来。它被动物从其他行为中选择出来显然是由于对动物来说伴随着满足。随着对该情境的反应,无效行为发生的频率便越来越少。最后,在那种情境里,动物终于只表现出一种行为或系列行为。

这里,我们有了世界上广泛传播的学习类型。这种学习无须推理,没有任何推理过程或比较过程;也无须对物体进行任何考虑,没有 2+2 的算术;也无须看做任何观念(ideas)——猴子不可能思考箱子或食物或它即将实施的行为。我们知道的东西是,它随着学习而开始在某种环境里干某事,那是学习之前在同样环境中不会干的。人类习惯于把智力视为拥有观念和控制观念的力量,认为学习能力和拥有观念的能力是同义的。但是,拥有观念的学习就其性质而言,实际上是罕见的和孤立的事件之一。动物智力的一般形式(它们的学习的习惯方式)并不是通过观念的获得,而是由于反应的选择。

狗和猫有着在不同的背景中经常体验和反应的某些普通物

体的观念(或内部表示),有着在对许多不同的情境作出反应时经常实施的某些普通行为的观念(或内部表示)。于是,它们可能在某种意义上有着"可口的食物""喷香的气味""转身""咬它",以及诸如此类的想法。但是,它们不会拥有很多这样的想法,也不会经常使用这些想法。按照常规,它们通过尝试和成功(trial and success)进行学习,而不是通过计划、模仿、证据或者通过一项活动来学习。

猴子是我们人类的近亲,尤其是黑猩猩,更经常地表现出对情境进行内部思考的迹象,以及通过关于该情境的观念来指导它们进行学习的迹象。但是,它们在很大程度上通过"尝试,再尝试"的方式进行学习,通过反应带来的满足感来逐步选择一种合适的反应,而不是通过有意性和顿悟(deliberation and insight)来逐步选择一种合适的反应。

在人类中,确实可以找到同样类型的学习。当我们学习打高尔夫球,或打网球,或打台球时,当我们学习通过品茶来讲出茶叶的价钱时,或者确切地用嗓音发出某种音调时,我们主要不是按照向我们进行解释的任何一种观念来从事学习的,或者通过我们实施的任何一种推理来从事学习的。我们通过逐步选择适当的活动或判断来学习,通过它与要求它的环境或情境的联系来学习,那正是动物进行学习的方式。

以这样或那样的方式对直接呈现于感官的情境,用尝试和成功的形式作出反应,这种纯粹联想的学习就其本质而言从小鱼到人类没有什么不同,不过在形成联想的量和质方面发生了巨大的变化。如果我们循着动物进化的道路,我们便会发现情境和行为之间形成的联想在数量上不断增长,形成的速度更快,而且变得更为复杂和更为精细。鱼能学会去某个地方，游某条路线，避开某个敌人，咬住某些物体，并拒绝某些物体，但是，仅此而已，不会更多了。对鱼来说，学会游过网上的小洞从水箱的一端到达另一端是一项艰巨的举动。可是猴子却能学会做数千件事情。对于猴子来说，学会用松开钩子的办法、推开一根杠杆的办法，以及拔出插头的办法来获得藏在一只箱子里的食物，相对而言是件容易的工作。它还能学会看见卡片上的字母 T 便迅速地从笼子上面爬到下面某个地方，看见卡片上的字母 K 则待在原地不动。

这种数量的增长、形成的速度、精细的程度以及对于一个动物来说可能形成的联想的复杂性等等，在人类那里达到顶峰。即便我们不去考虑推理和力量，不去考虑观念和抽象的多样性，人类仍然是动物王国中的智力领袖。这是因为人类在情境或感觉印象（sense impressions）和行为之间形成联想的力量得到了高度的发展——也因为一切有理智的动物已经达到了单单通过选择来进行学习的程度。

因此，就人类学习的演化而言，有许多是十分清楚和简单的。人类在感觉到的情境和一个行为之间通过联结的频率（frequency of connection）和后效的满意度（satisfyingness of after effect），以动物方式形成动物类型的直接联结，但是人类能够形成更多的联结，用情境的细微要素形成这些联结，并以更为复杂的系列和人类行为中所包括的精细复杂的操作运动、面部表情以及言语声音形成这些联结。

对于这种不同寻常的普通的动物学习类型的发展，人类又增加了获得大量的观念的能力，用思维回顾已经发生了的事情

的能力,为可能发生的事情进行规划的能力,以及分析、构想和推理的能力。关于这些独特的人类能力的演化,威廉·詹姆斯于1890年写道:"一个人越是诚挚地谋求心理发生的实际过程,也即作为一个种族,我们拥有的特定心理属性所经历的那些阶段,一个人便越是清楚地察觉到'在极端黑暗中缓缓聚集起来的曙光'。"

在某种意义上说,那仍然是正确的。我们不知道人类何时从类人猿祖先中分离出来,譬如说,人类究竟是黑猩猩的叔叔、表兄还是侄子。我们可能在将来找到断链中的颅骨,但是对它们的行为和学习,我们则永远无法测试。有关动物和人类学习的40余年研究已经使威廉·詹姆斯的隐喻不再适用了。尽管心理演化远不够清楚,但是它正在变得清楚起来;我们见到越来越多的光明。同时,我将建议你们考虑一种有关人类智力演化的理论,这种理论比起它当初产生的时候,现在有更多的证据支持它。

这个理论是:大量的观念、顿悟和推理(看来,它们十分明显地把人类学习和动物学习区别开来)是人类这种动物能够形成的在联结的数量和适应性上大量增加的次级结果(secondary results)。由于这个理论,联想学习中的数量差异是我们称为观念、分析、抽象和一般概念、推论和推理等力量的质量差异的产物。

这个理论的优点之一是它与智力和学习所依靠的大脑中联想神经元的演化相符合。迄今为止,人们知道,人类并不具有新的神经元种类,或者神经元活动的新样式,但是,人类确实具有很多神经元,并且比其他动物有着更大的相互联结的可能性。

这个理论的第二个优点是它与人类个体生活史期间的学习发展相一致。在婴儿头12个月或12个月多一点这段时期里，其学习属于一般的动物类型，也即通过频率和后效将特定的活动与直接感知的情境相联结。婴儿只有极少几个观念；他通过尝试而学习，而不是通过顿悟而学习。但是，从第6个月或第8个月开始，联结大量地形成。每一种玩具被儿童以各种姿势握着，朝各种方向移动着。他的眼睛一遍又一遍地观察着玩具，以至于一只拨浪鼓或汤匙或一块积木实际上已在许多方面和场景中被婴儿看到过。几乎一切具有适当大小的物体都被儿童推过去，拉回来，翻转，扔掉，拾起以及诸如此类的动作，结果这些活动实际上有过数千次的联结。我认为婴儿的咿呀学语包含了比任何语言更为不同的发音；而这些发音的组合，又乐观地被家人解释为真正的话语，或者被视作婴儿自己的语言，并与有价值的后效联结起来。他听到其他人的言语，把别人的单词、短语和句子与某些事物和事件联系起来。如果一个男婴和一只小猫在同一天出生，然后把两者放在一起生活达2年之久，让他们在同样的场合听到同样的言语，而且在每次听到以后，为他们提供同样的处理方法，那么到他们第二次生日时，男孩与猫所能理解的单词、短语和句子，前者至少是后者的50倍。

在1～2年之内，年龄为12个月或14个月的婴儿像一只小猫那样玩耍，只是玩耍的方法更多；像一只猴子那样喋喋不休，只是发出更多的音和音的组合；像一只小狗那样学习，只是行为更频繁，开始具有观念，用词语对质量和关系进行思考，自言自语，并且有所计划。他用人类特有的方式进行归纳和演绎。他的推理结果往往由于错误的资料而显得不合理，但是推理过程

确实存在着。

我从 H. W. 布朗(H. W. Brown)多年前所举的颇能说明问题的例子中摘引了下述一些例子:

(2 岁)T 拔他父亲腕部的汗毛。父亲说:"T,别拔了,你会弄痛爸爸的!"T 回答道:"这不会弄痛爷爷的。"

(2 岁 5 个月)M 说:"格雷茜不能走路,因为她穿了双小鞋子;如果她穿了我的鞋子,她便能走路。当我拥有几只新鞋时,我将把这些鞋子送给她,这样她便能走路了。"

(2 岁 9 个月)波利通常在午前小睡,但是星期五他似乎不困,因此他的母亲没把他放到床上去。不久,他便开始说:"波利困了;妈妈放到小床上!"他开始说这话时很高兴,但见到母亲没注意他,便说"波利哭了,然后妈妈会……"于是他坐在地板上吼着。

(3 岁)时间是下午 5~6 点钟,母亲正在哄婴儿睡觉。没有一个人和 J 一起玩。他一直讲着:"我希望 R 会回家来;妈妈,把孩子放到床上去,这样 R 就会回家来。"我通常 6 点左右回家,孩子是在大约 5 点半放到床上去的,他把一件事跟另一件事联系起来了。

(3 岁)W 想玩油画。2 天前我父亲对 W 说不要再去碰那些画了,因为他太小。今天上午 W 说:"当我的爸爸是个很老的人时,当我是个大人而不再需要任何爸爸时,那么我便可以画画了,妈妈,是吗?"

(3 岁)G 的姑妈给了他一个 10 分币。G 走了出去,但很快又回来,他说:"妈妈,我们很快就要发财了。""为什么这样说,G?""因为我把 10 分币种在地里,就会长出许多 10

分币来。"

（2 岁）B 爬到一节大型的玩具货车厢里，爬不出来了。我帮他爬了出来，可是过了 1 分钟，他又爬回车厢里去。我说："B，现在你打算怎样爬出来？"他回答道："我可以躲在这里，等车厢变小，然后可以靠我自己爬出来。"

（3 岁）F 必须先把脸和手洗干净，并把头发梳理好，然后大人才允许她到桌子上去吃东西。前一天有位女士来访，她走到女士跟前说："请把我的脸和手洗干净，把我的头发梳好；我很饿。"

（3 岁）如果告诉 C 别去碰某件东西，不然那件东西会咬他的，那么他就会问它有嘴巴吗。告诉他别去弄坏它，他会说："噢，它不会咬人的，因为我找不到任何嘴巴。"（1892年，在布朗的著作中上述例子比比皆是）①

这个理论的第三个优点是，在一般的动物学习类型中，一个简单量变相应地伴随着神经元联结数量的变化，导致我们所谓的观念、顿悟、推理等东西的出现。就这些所谓的高级能力的发展程度而言，这种简单的量变是与人类个体中间存在差异的事实相一致的。

如果这些高级能力是以大量独特的联想结果而出现的话，那么在个体身上，一方面为知识的数量和另一方面为智力的程度之间应该有密切的相关——在一个人了解的事实数目和他推理的质量之间也应该有密切的相关。而且确实存在这样的相

---

① H. W. 布朗《关于儿童思维和推理的若干记录》(*Some Records of the Thoughts and Reasonings of Children*)，教学法研究班，克拉克大学出版社（Clark University Press），Ⅱ（1892年），pp. 358—396。

关。拥有大量信息和技能的人,在其他情况相等的条件下,也应当是良好的思考者。洞察力应该和博学多才结伴而行。的确如此。

直到最近,这一对立的学说是已被接受的学说,也就是说,一个人可以了解并做千百件特定的事情。但在推理能力上——在分析思维、选择思维和关系思维方面——仍很弱。关于智力的表面性质,一个标准的传统观点是,它被明显地分成一半是低级的,一半是高级的。低级的一半涉及联结的形成或观念的联想,也即获得信息并使思维的习惯专门化。高级的一半具有抽象、概括、知觉和关系的运用,在推理中选择和控制习惯,以及驾驭新任务或旧任务的能力等特征。关于智力的深层性质,一个标准的传统观点(就其接受的注意而言)是,单纯的联结形成或观念联想有赖于生理机制。借助这种生理机制,一种神经刺激进行传导,并激发神经元 ABC 的活动,而不是其他任何神经元的活动。但是,高级过程有赖于某种颇为不同的东西。对于这种颇为不同的东西究竟是什么,意见很不一致,也确实很少努力去思考或想象它可能是什么东西。然而,我们有充分的信心认为,它不可能是习惯形成的机制。

几年前,我已在一般的基础上怀疑这种传统观点了。这种怀疑为智力测验的经验所证实,例如,A. 比纳(A. Binet)关于幼童的许多测验是很能提供信息的,而对纯粹的和简单的词汇范围进行测验是一种优秀的智力测验。因此,大约在 4 年以前,蒂尔顿博士(Dr. Tilton)和我将该问题置于关键的实验之中,情况如下:

我们所准备的测验尽可能使它具有独一无二的信息和联

想,例如单纯测试词的知识范围和算术的信息与运算,部分测验题如下:

请看第一行第一个词。找出第一行中的另一个词,其意义应与第一个词相同或十分接近,然后在本页右边的虚线上填写该词的编号。第2、3、4行等也按同样方法做。A、B、C、D行说明做题的方式。尽可能把所有各行都做完。每一行只填1个数字。

  A. 野兽 1. 害怕 2. 词 3. 大的 4. 动物
       5. 鸟 3

  B. 婴孩 1. 摇篮 2. 母亲 3. 小孩 4. 青年
       5. 姑娘 3

  C. 升起 1. 举起 2. 拖   3. 太阳 4. 面包
       5. 洪水 1

  D. 盲的 1. 男人 2. 看不见 3. 游戏 4. 不愉快
       5. 眼睛 2

开始做题:

1. 等待 1. 步调 2. 慢的 3. 等候 4. 疲劳的
     5. 离开   ____

2. 美化 1. 使……美丽 2. 入侵 3. 夸大
     4. 保证 5. 祝福的   ____

3. 臭虫 1. 昆虫 2. 车辆 3. 纤维 4. 滥用
     5. 噪声   ____

4. 安排 1. 排列 2. 催促 3. 距离 4. 恐吓

	5．冲锋
5．不同的	1．不一样　2．争吵的　3．较好
	4．完全的　5．不在这里
6．棉花	1．布　2．小床　3．茅屋　4．面粉
	5．牛群
7．使变黑	1．蕨类　2．插入　3．推动　4．使成黑色
	5．懒散
8．着火	1．显然的　2．燃烧　3．轻微地　4．游荡
	5．礼貌的
9．大道	1．正义　2．到达　3．大街　4．陪审团
	5．图书馆
10．长椅	1．工具　2．拖上岸　3．意见　4．座位
	5．池塘
11．坦白	1．同意　2．修正　3．否认　4．承认
	5．混合
12．向后	1．向下　2．在……之后　3．朝后边
	4．保卫　5．欠款
13．广告	1．拘留　2．开发　3．宣布　4．逆向
	5．报纸
14．搏杀	1．战斗　2．惊呆　3．俱乐部　4．探险队
	5．梳子
15．金发女郎	1．客气　2．不老实　3．胆大的
	4．害羞的　5．美人
16．放宽	1．抹去　2．弄成水平　3．逝去　4．绣花
	5．拓宽
17．圆脸的	1．懒惰　2．固执　3．愤怒的　4．丰满的
	5．肌肉

18. 涉及	1. 看清	2. 参与	3. 提供	4. 干扰	
	5. 有关				____
19. 货物	1. 装货	2. 小船	3. 边缘	4. 通风	
	5. 车辆				____
20. 抓住	1. 开发	2. 巢	3. 掠过	4. 握住	
	5. 手杖				____
21. 怕	1. 小羊	2. 恐惧	3. 工具	4. 土丘	
	5. 歌剧				____
22. 上了年纪	1. 年份	2. 活跃的	3. 老的	4. 仁慈的	
	5. 准时的				____
23. 到达	1. 回答	2. 敌手	3. 进入	4. 力量	
	5. 来到				____
24. 迟钝的	1. 反应慢	2. 懒洋洋的	3. 聋的		
	4. 怀疑的	5. 丑的			____
25. 使习惯于	1. 失望	2. 惯常的	3. 遭遇		
	4. 成为习惯	5. 生意			____
26. 要求	1. 凝	2. 工具	3. 取	4. 等待	
	5. 吩咐				____
27. 泥塘	1. 干扰	2. 混乱	3. 沼泽	4. 田地	
	5. 困难				____
28. 小瀑布	1. 帽子	2. 瀑布	3. 太空	4. 灾难	
	5. 箱子				____
29. 驴叫声	1. 驴子的叫	2. 碗	3. 牛叫声		
	4. 挫折	5. 渡鸦叫声			____
30. 上岸	1. 掘出	2. 登陆	3. 驱逐出	4. 贬低	
	5. 剥去				____

I.E.R. 算术题 I

清楚地写上或打印上你的名字_____

加法:

a.	b.	c.	d.	e.	f.	g.
$\frac{3}{4}$	$\frac{1}{5}$	6	$7\frac{1}{4}$	5小时42分	5尺$8\frac{1}{4}$寸	$2\frac{3}{4}$
$\frac{1}{4}$	$\frac{4}{5}$	$3\frac{3}{8}$	$6\frac{1}{2}$	4小时28分	5尺$10\frac{1}{4}$寸	$4\frac{7}{12}$
$\frac{3}{4}$	$\frac{2}{5}$	$8\frac{3}{4}$	$8\frac{3}{8}$	4小时56分	6尺$1\frac{1}{4}$寸	$1\frac{1}{2}$

乘法:

h.	i.	j.	k.	l.
632	145	4磅9盎司	18	$15\frac{3}{4}$
7	206	3	$3\frac{2}{3}$	8

除法:

m. $60 \div 9 =$

n. $12\overline{)2.76}$

o. $\frac{3}{4} \div 5 =$

p. $9\frac{5}{8} \div 3\frac{3}{4} =$

回答下列问题:

q. 1磅等于几盎司? ____

r. 1蒲式耳(bushel)等于多少夸脱(quarts)? ____

s. 1英里等于多少英尺? ____

t. 9,10,11,11和14的平均数是多少? ____

u. 80的多少百分比等于24? ____

v. 16 的 125% 是多少？　　　　　　　　　　＿＿＿

w. 1 直角等于多少度？　　　　　　　　　　＿＿＿

x. 1 桶面粉有多少磅？　　　　　　　　　　＿＿＿

y. 用罗马数字写 18。　　　　　　　　　　＿＿＿

z. 用罗马数字写 1000。　　　　　　　　　＿＿＿

aa. 10 的立方是多少？　　　　　　　　　　＿＿＿

bb. 25 的平方根是多少？　　　　　　　　　＿＿＿

我们还准备了这样一些测验题，尽可能使题目充满关系思维和选择思维。这类测验题有填充句子，回答那些需要对段落进行推理理解的问题，以及新的数学作业测验题，如下所示：

I. E. R. 算术填充题　D₃

清楚地写上或打印上你的姓名、年龄和年级。

姓名＿＿＿＿　　　年龄＿＿＿＿　　　年级＿＿＿＿

在下面各行中，每个数字根据它前面出现的数字以某种方式得出。研究一下每一行中数字的出现方式，然后在虚线上填写得出的数字。开头两行的答案已经填好。

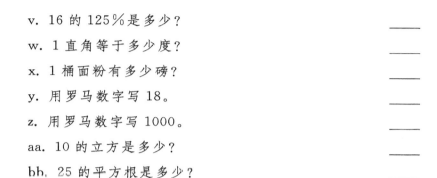

				91	$79\frac{3}{4}$	$68\frac{1}{2}$	$57\frac{3}{4}$	___
				$1\frac{3}{16}$	$1\frac{3}{8}$	$1\frac{1}{16}$	$1\frac{3}{4}$	___
7	11	15	16	20	24	25	29	___
		7	16	19	28	31	40	___
40	39	37	34	33	31	28	27	___

以正确顺序在每一行中写下数字和符号,以便构成真实的陈述或等式。A 行已经填好,以便让你看到应该如何做。

A.	3	3	6	=	+		答案:3+3=6
1.	5	6	30	=	×		
2.	8	11	88	=	÷		
3.	2	8	8	8	=	+	×
4.	$\frac{1}{2}$	10	16	80	=	×	÷

我们可以把这 4 组测验题作为语言信息、数学信息、语言推理和数学推理。蒂尔顿博士(1926 年)就是用这 4 组测验题对被试进行测验的。

个体在语言信息的得分和语言推理的得分之间的对应性是十分接近的。数学信息的得分和数学推理的得分之间的对应性也一样。两组信息测验之间的对应性十分接近或几乎接近,或者两组推理测验之间的对应性也十分接近或几乎接近。即使动用同一学校同一年级(八年级)的儿童,从而使教育环境大体上相等,上述这种情况也是正确的。联想学习的数量,以及处理抽象性质和关系的能力(尽管它们看来有所不同),实际上与心理动力密切相关,并且假设有赖于共同的原因。

直到有人提出更具可能性的理论,我们才可能提出这样的假设,即人类的学习能力通过量的拓展从一般哺乳动物和原始能力中发展而来。① 这种情况激励我们坚信人类智慧和学习进一步演化的可能性。

随着形成联结的能力不断增长,在拥有经验、作出运动、构成原因(也即干某事以便使某事发生)、形成观念和运用观念方面有着广泛的和多样的发展。这里,像在其他地方一样,一种器官(organ)的某种正常使用是满足的源泉。

业已显示的理由认为,联结的数量(quantity of connections)产生了人类思维。我们的下一个任务是去说明它究竟如何运作的。在某种意义上说,我无法做到这一点。我无法把你们带回到那个时代(也许几百万年以前),那时人类首次具有人的心理,而且刚开始形成观念,产生语言,使用棍棒和石块;我也无法描绘人类的丰富联结如何产生观念的图景。因为我们没有证据帮助我们推测这些联结是什么,或者人类首先获得什么观念,或者人类以多快速度形成自己的心理。

但是,从另一种意义上说,一个合理的假设是可以作出的。我们可以合理地构想各种特定的联结如何创造人类的思维。这些概念所遵循的路线是与上两次演讲中遵循的路线相平行的,其中分析、抽象、一般概念和推理已被表明导源于联结,而且确实由联结所构成。

对一只猫来说,皮球是可以追逐、撞击和撕咬的东西;对一

---

① 这种拓展也许不是在所有方向上都相等。正如我们已经提示过的那样,面部表情和清晰发音等反应可能大大增加,而毛发竖起和耳朵转动等反应可能实际上消失。与视觉感知的要素相联系的优先联结的可能性也许会增加,而与嗅觉感知的要素相联系的优先联结的可能性则没能像前者增加得那么多。

个婴儿来说,也是一个可以追、可以拍击、可以拨弄、可以滚动、可以塞到嘴里、可以挤压、可以掉下、可以吮吸、可以抛掷,以及可以对它做其他许多事情的东西。对于狗来说,瓶子是一个可以闻、可以抓的东西;对于孩子来说,是一个可以抓、可以吮吸、可以翻转、可以掉下、可以捡起、可以用手指拉、可以用脚趾摩擦的东西。因此,瞥见瓶子或皮球,便与许多不同的反应联系起来,而且,通过我们的一般规律,倾向于获得一种独立于它们的地位,也即从"看见——抓,看见——掉,看见——翻转"等部分循环的状况发展到明确观念的状况。

婴儿对整个情境的模糊感觉有赖于他的大脑各司其职的精细运作,以及他的一般活动和好奇提供了使它们这样做的不同联结的复杂性。另一方面,由于狗的脑子以粗糙的形式运作,而且很少存在与每个单一过程形成联结,所以狗没有观念或很少有观念。

在学习的演化中,灵长目如同在其身体形态方面表现的那样,将人类和一般的哺乳动物种系连接起来。猴子、类人猿、黑猩猩、猩猩和大猩猩,尽管它们在心理特征上不尽相同,但是在心理上却处于其他哺乳类动物和人类之间。它们比狗、猫、老鼠或马学习更多的东西。它们表现出更为普遍的好奇心,并且由于经验的缘故而喜欢上了经验。根据我们的理论,作为一种结果,或者在任何情况下作为一种伴随情况,它们提供了更多的关于观念的证据。

首先,它们经常地从无所作为突然转变为完全的成功。在前次演讲中,我已经提供了有关这类情况的说明。

其次,它们更易受到表象因素(representative factors)的影响。这些因素或多或少地相当于意象(images)或记忆,而不单单是感觉到情境。在所谓的延迟反应(delayed-reaction)实验中表现出来的行为是对这种情况的最佳检验之一。

耶基斯(1928b)将食物放到 6 只罐头之一中,这 6 只罐头在大小、颜色或标记方面可以辨别。它们都被置于一个转台上。这个转台在作为实验被试的大猩猩的视线之外转动起来,如果大猩猩在时间间隔以后选择了正确的罐头,那就说明它之所以这样做,是由于在心中保持了那只特殊罐头外形的某种表象。时间的变化从几秒钟到 10 分钟不等。正确反应的百分比大约 5 倍于由机遇提供的百分比。

在耶基斯的黑猩猩中,对于放进食物的罐头位置的延迟反应,其延迟时间的变化从几分钟到 3 小时不等。当颜色作为孤立的因素时,对它的延迟反应难以学会,不过耶基斯深信,与黑猩猩选择之前和选择之后的行为相联结的成功选择数表明,这种延迟反应至少可以在 30 分钟以后作出。耶基斯得出结论说,"黑猩猩能够作出迄今为止只有在人类中可以看到的和在人类实验中得到证实的那种延迟反应"(并且在大猩猩中也发现了这种情况)(1928,p.269)。

用灵长目动物进行的其他实验,尤其是汀克尔波夫(Tinklepanhg)用恒河猴和食蟹猴(Macacus rhesus/Macacus Cynomologus)进行的实验,也表明了表象因素在灵长目动物中发挥的作用要大于在哺乳动物中发挥的作用。

灵长目的学习超越哺乳动物的学习而朝着人类学习的方向发展,其确切的程度究竟如何,目前尚不清楚。一方面,我们有了 W. 苛勒在黑猩猩研究中发现的那种行为,即将两根棍棒连

接起来成为一根长棒以便用它获得食物,我们还有耶基斯关于大猩猩的以下例子:

> 那是2月18日上午,昨夜下了雨,笼子是湿的。在刚果(大猩猩的名字)惯常坐着或站着的格栅附近有一些水坑,刚果习惯于在那里操作转台以便获得早餐。当我召唤它做白天的作业时,它很不情愿地从睡房里出现,犹豫了几秒钟,好像决定不了是应该服从我的命令到格栅处来,还是拒绝作业。然后它回转身去,重新进入睡房。过了一会儿,它又出来了,双臂捧着从它床上拿来的一捆干草。走近格栅以后,它把干草放在格栅前面潮湿的地上,然后舒舒服服地独自坐在干草上。这表明它准备好操作转台了。以往也曾有几次看到它把干草从睡房带到笼子里,并玩弄它或坐在它上面,但是从来没有见到过它如此明确地把干草放在格栅或其他地方,以便使自己不受沙子地面的冷气或湿气的侵害。不论这种行为是不是一种伴随行为或顿悟的表现,它肯定具有高度的适应性(1928, p.53)。

但是,上述这类例子实际上十分罕见,这在一只7岁大猩猩或黑猩猩身上的发生率是一个7岁孩子发生率的万分之一。它们的许多行为表现出与感知的情境直接联结的同样局限性,这是低等哺乳动物具有的特征。例如,耶基斯的大猩猩学会了解开缠在一棵树上的链条,可是当链条在另一棵树上缠住时,它就不能这样做了。大猩猩学会了将箱子叠成一堆,爬到箱堆上取得挂在一棵树上的食物,可是当食物从另一棵树上悬挂下来时,它便无法这样做了。只有在经过特别的训练以后,它才能够这样做。

如果我们把联想或习惯和推理或顿悟视作是彼此独立的能力，那么灵长目的行为看来便不一致了。它们应该更少或更多地表现后者。但是，如果我们把后者视作是前者的量变产物，那么该行为正是我们所期待的东西。

因此，我们可以在总体上看到从猫、鼠、兔的心理（猫、鼠、兔通过肌肉尝试、错误和成功而获得千百种心理联结）演化到人类心理（人类度量情境，把它分解成各个要素，用思维符号制定不同的程序，并通过内心对其价值的判断而选择成功的一种）的那种清晰而又简单的历程。无须新的大脑组织，无须新的神经元，除了联想神经元的数量增长之外，不需要任何东西。在某些灵长目种系里产生这种变化，比起在身材和外形上产生一些差异以便使大猩猩与黑猩猩有所区别，或猩猩与狗脸类人猿（dog-faced ape）有所区别，前者不会更加困难。

人类的心理能力是人性的一部分，这是确定无疑的。人类的本能（instincts），也即人类以某种方式感觉和行动的先天倾向，可以在低等动物中普遍看到，尤其在身体形态上与我们最近的亲戚——灵长目动物中看到。人类的感知能力并不显示新的创造。我们已经看到，人类的智慧是从动物的智慧中延伸而来的。这再一次为灵长目例子的类似变化所预示。在以人类为代表的动物心理中，人类并非作为来自其他星球的半神半人式的东西，而是作为来自同一种族的帝王。

第 十二 讲

当今时代学习的演化：未来的可能性

　　根据我们在前一讲中考虑的假设,有些灵长目动物具有能够形成大量联结(connections)的大脑,其形成的联结数目大大高于它们的亲戚——当今类人猿祖先所能形成的联结数目,对此,无人知晓何时或如何形成这些联结的。它们的喉咙和口腔部分也可能具有十分扩展的活动范围,并且在幼年时代与我们人类一样十分喜爱牙牙学语,咯咯、哈哈地笑,以及发出尖叫声。它们还可能比其他灵长目动物用更为零星的方式(piecemeal fashion)对情境(situations)作出反应。从心理学角度看,它们已经是人了。不管当时它们的大拇指和其他四指是否呈相对状,骨骼和肌肉结构是否由于行走而直立,以及大脑是否具有人脑那样的活动,这些对我们来说不必考虑。

　　它们具有形成大量联结的能力足以使它们的学习与其他灵长目动物的学习相区别。它们可能学习更多的事物,而且可能学会对自然界的物体和事件的细微部分或要素(elements)作出反应。这些反应多种多样,使丰富的观念(ideas)生活成为可能,包含抽象和一般概念,内心规划,以及通过深思熟虑的分析和选择进行学习等。

如果我们接受这一假设,我们便自然而然地会提出下列问题:自从那时以来,学习的演化一直是什么情况?我们的学习与古人的学习(比如说1万代以前那些人的学习)有何不同?

由于这个问题引出的事实和推测对于人类官能(faculty)起源的其他一些合理假设也将是合适的,因此,尽管我们对该假设本身感到没有信心,但是我们仍然可以通过对它的考虑而获益。

十分奇怪的是,我们并不知道现代人类学习的天生能力是否比100万年以前的人类学习能力更强些。生物学家、人类学家和心理学家的共同意见可能认为确实如此,但是也有少数专家可能否认这一点。持赞同意见者会辩解说,由于在远古时代,人类为生存而斗争有赖于他的机智,反应迟钝者会在繁育出后代之前更容易死亡;持赞同意见者可能还认为,当今人类的能力和我们非人类祖先的学习之间有着如此巨大的差异,以至于不可能由于远古时代发生的一次或两次突变而引起,而是肯定通过一系列的变化,一部分一部分地建立起来的。第二种论点也许错误地假定生物学上的差别十分巨大。大脑中发生的联结数目以10倍,甚至100倍的比例增长着,从生物学观点看,如同头上长角或形成两个胃一样是很有可能发生的。但是,变化本身的量并不要求与变化结果的量相等。

持反对意见者争辩说,从历史角度看,天生学习能力的渐进

性获得的证据是值得怀疑的,使用更好的学习工具和学习方法,以及具有更好的学习内容,这些都适合于解释现在胜过以往的原因。

　　心理学为这场论证贡献了一组重要的事实,然而,像先前留有许多怀疑一样,仍然难以作出定论。这些事实涉及所谓一般智力(general intelligence)中的分布形式(form of distribution)和可变数量(amount of variability)。这也许是用观念和符号进行学习的能力指标。

　　如果我们以美国北方城市入公立学校的年龄在11～12岁或13岁的白人儿童为对象,采用"全国智力测验(National Intelligence Test)"或者奥蒂斯(Otis)测验或哈格蒂(Haggerty)测验,并校正得分,以便排除得分单位中的不平等影响,那么我们就会发现分布如图9所示。从平凡的才能开始有一个向上和向下的连续变化。从顶部到底部存在一个十分广阔的范围。由于这种测量是在1小时或不到1小时的时间里进行的,因此易为相当大的偶然性错误而困惑。但是,如果这种情况通过使用10次或20次的测验平均数而消除,那么分布的连续性将会像先前一样肯定。变化范围将有所减少,近似于图10所示的量。

　　如果那些城市里的儿童十分迟钝,以至于被学校排除在外——但是,他们的迟钝不是由于任何意外事件或疾病或其他特别令人不快的情况——那么当这批儿童加入到测验队伍中来时,极端低下的一端将在数量上有所增加。如果在校儿童的迟钝由于某些意外事件、疾病、神经损伤而被从实验组里排除出去,那么低分一头的分布数量就会减少。除了采取这些预防措施以外,如果只使用同一环境中的儿童(譬如说,从出生起就在

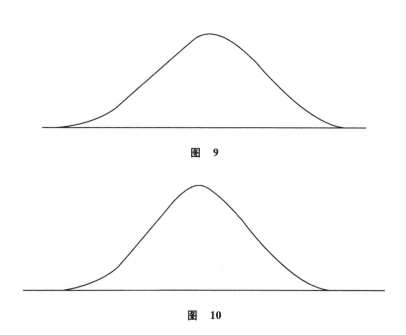

图 9

图 10

某种孤儿院里被抚养的儿童),那么连续性仍然有效。变化将会进一步减少,但不会很大。

那就是说,如果我们测量不受环境因素干扰的儿童的天生智能,那么变化将从一种平凡的才能继续向上和向下发展,变化的范围从这样一种能力,或者这样一些基因(genes),比如说在美国人生活的平均条件下智商 150 或更高下降到同样条件下的智商 50 或更低。在十分有利的环境里生活了 20 年以后,智商低下的人仍然学不会比上床自己动手盖被子,或者转动普通的球形把手开一扇门,或者举起门闩,或者伸出自己的手以便对"握手"的指令作出反应等难度更高的动作。

人类的天生智能,也即智慧的基因,从一种可以与狗和猫的基因相比较的状况向着可以产生伟大科学家和思想家的状况变化,即使在相当不利的环境中,也产生了诸如亚里士多德们(Aristotles)、但丁们(Dantes)、牛顿们(Newtons)、斯宾诺莎们(Spinozas)、巴斯德们(Pasteurs)以及爱因斯坦们(Einsteins)。在创造性方面,变化是连续的,很有可能涉及大量的基因,至少半打或半打以上。基因的数量可能比这大得多。

这些事实之所以重要,因为它们表明了一种可能性,由于基因是智慧的遗传基础,因此自人类问世以来,学习能力可能在数量上或力量上有所增长,并能在将来进一步增长。另一方面,它们也对为了生存和父母的地位而选择更好的学习者投下了怀疑的阴影。如果迟钝者得到剔除,我们现在便不该期望找到一些生来具有学习能力的人仅仅和哺乳动物的平均水平差不多。但是我们确实找到了这种水平的人。

天生的学习能力的变化是隐蔽的和可疑的,但是学习内容的变化,以及学习方法和学习手段的变化则是清楚的和肯定的,至少在人类生活的历史时期是如此。外部情境改变和增加着其数量和种类。望远镜、显微镜、无线电和电话对外部情境的补充是这方面最明显的证据,但是从没有茅舍、没有衣服、没有工具和没有任何家畜到有一些茅舍,有一些衣服,有一些工具和有一些家畜,这些变化对于人类心理来说意味着刺激的实质性充实和引人注目的丰富。从一些天生的哭泣,咯咯地笑,以及发出咕咕声转变成最简单的发音清晰的语言,譬如说,为50种感觉、事物或事件命名,是一种类似的刺激丰富现象,它具有远大的前途。

一些外显的反应在其基本运动方面也许改变和增加得并不多,因为天生的咯咯笑声、牙牙学语、扭动、挺伸、摆动等运动在婴儿时期已经大部分出现,但是主要以其结合形式出现。言语当然是最引人注目的例子。在使用棍棒、刀具、榔头、杯子和其他工具时所表现出的运动构成了另一大组例子。

新的要素在决定反应和形成优先联系(preferential bonds)方面变得活跃起来。我们用圆、方、尖、两倍、三倍等概念,以及速度、加速度、电压、电流和特殊引力等概念,取代了诸如可食性、障碍、可及性、对一根棍棒的适合性等。

有些新的情境和反应对进一步学习来说是有力的工具。对真实事物、事件和关系的速记符号,首先以普通语言发展着,然后以算术、代数、物理、化学和其他科学的特殊的技术语言发展着。思维得到语言如此巨大的帮助,以至于许多人认为,如果没有语言,思维将不可能存在。可以肯定的是,如果没有这些符号,人类学习便不会发展得如此深远和迅速。利用肺里排出的废气来发音,可以对人产生吸引力,也可以使人产生恐惧,还可以是对人发出警告,或给人以鼓励,如此等等,是动物王国里最令人感兴趣的变化之一。从肺部排出废气来发音,发展到清晰的言语,也许是人类最伟大的发明或系列发明。人类仅仅动用了一点点能量[这点能量对身体的活动很少产生干扰,但却能积累许多反应。它们通过以每分钟 100 次的速率把数千种可认同的音节(identifiable syllables)和数百万种可认同的双音节单词结合起来而形成],竟然能在广阔的半径范围内对听众实施全面的影响。

一项保守的估计指出,在文明国家里,一个人通过词汇①加上对事物、事件、质量和关系的直接经验所进行的学习,比之个

---

① 这里所谓通过词汇进行学习,也包括聋哑人所用的手语。

人单纯通过对事物、事件、质量和关系的直接经验所进行的学习,其比例将大大超过 10∶1。部分原因在于婴儿听到一个取了名字的物体以后,便学会了去认同该物体,而不顾从不同距离和在不同背景中对该物体的不同观点。主要原因在于,通过与物体名称的优先联系,使得事物和事件的特性、方面和关系被分析成显突的东西。由于一个词与这个物体或事件,那个物体或事件,以及其他物体或事件相联结,我们便形成了第一批概念。通过把一个词与如此这般的事实、特性或特征的组合相联结,我们便可对它们进行提炼和补充。人类以往习惯于认为词汇具有魔力。如果你能用适当名称称呼任何一种物体或者自然之力(force of nature),你便有了驾驭它的力量。这是毫不奇怪的。我们确实是这样做的。我们由于把白喉(diphtheria)称为克雷布斯-洛弗勒杆菌(Klebs-Loeffler bacillus),从而获得了驾驭它的力量,尽管不是以模糊的和一般的魔术方法。

一种数字系统是语言的一部分。它作为思维和活动的工具是如此有力,以至于通常由其系统本身进行处理。一个正在成长中的儿童听到物体的集合称作 2、3、10、20、100、100 万,还听到长度、重量和时间可以称作 3 尺、30 磅、5 分钟等等,该儿童便学会了把事物视作可以计数和可以测量的,差不多像他学习穿衣和擤鼻子一样。儿童期望每样东西都有个名称,而且期望许多东西都可以用数量加以界定。随着他上学和工作,他进入了一个系统地测量和计算的世界。数字是一种工具,使他能够了解和管理这个世界。

在更加高级的水平上,我们拥有等式或方程这类工具,它使人们在几小时内便学会了事物或行为的基本特征,不然的话,人们便只能花费更大的精力从事不完全的学习,甚至学不到什么东西。

我还可以提及利用物理工具来帮助学习。我们用船舶、火车和飞机把我们运送到无数的情境中去,而照相机、电话和无线电则把各种刺激带给我们,至于钟、温度计、量表、指南针、电流计等等诸如此类的东西,则可以把刺激确切地加以限定,字母表对言语进行记录,钢笔、打字机和印刷机制造记录并使记录成倍地增长,书籍则起着保存这些记录的作用。

正如我们已经指出的那样,这些工具,无论是心理的还是物理的,都使情境和情境的要素更加容易得到认同和更为确切地得到认同。10万年前最能干的距离判断者不可能像今天的一个学童那样正确地测量出一棵树的高度。在那个时候,也许没有人能从活动着的101只绵羊中数出100只来。

这些心理的和物理的工具还能作出可获得的反应(available responses),这种可获得的反应曾是人类的掌握水平所无法达到的。一个傻瓜能用一把直尺画出一条长度为30寸的直线,而如果不用直尺,那么本领再大的艺术家和长度判断者也是无法办到的。

我们没有必要回到10万年以前的时代去。在那个时代,假如有人在见到100只椰子和15个人时,便预告每个人可分到6只椰子,还剩下10只椰子,那么这个人便可以得到奇才的好名声。假如几千年前有人立下志愿要画一个正方形或圆形,里面包含10个正方形,那么,结果只能是失败。

今日的人类可以形成的联结已经达到产生100万伏的电压或释放一种瘟疫,这是不久以前只有朱庇特(Jovial,罗马神话中

的主神)和阿波罗(Apollo,太阳神)才能办到的事。

人类面临的情境已经成倍地增加,这些情境中突显的要素、部分或方面也已成倍地增长;人类可以利用的反应也已成倍地增长。因此,今日的小孩能够形成数十个甚至数百个联结,而在1000代以前的小孩恐怕只能形成一个联结。比方说,现在年龄为14岁的普通美国孩子,多少已能了解1万个单词的词义。

比这种学习在数量上增长更为重要的是学习质量的变化。关于仙女和魔鬼的概念已经被氧气、氢气、伏特和安培以及无线电频率等概念所替代。对巫婆和魔鬼的恐惧已经让位于对伤寒病和结核病的恐惧。有些学习的内容,某些曾被一度珍视的观点,后来发现是不真实的或无用的。在原始人的眼光中,宇宙尽管十分渺小,却包罗了许多荒谬的神、想象的力量、从未发生过的事件,以及幻想和虚幻的恐惧。

人类如何和为何在自己的心灵上背上如此沉重的虚幻、谬误和迷信的包袱至今仍是个有趣的问题。为什么人类越出常轨不去创造更好的棍棒和弓箭而去创造神怪和偶像呢?为什么人类要使整个世界充斥着神怪来恐吓自己并耗费物质去供奉它们呢?为什么会存在如此众多的和连续不断的错误、愚蠢等精神变异呢?为什么当它们被造出来以后并不死亡和绝种呢?

如果心理和思维如同哲学家断言的那样是一些用来探求真理和认识真理的力量,那么这些问题便无法回答了。但是,很显然,自然赋予人类的智慧并非一种真理对谬误的意识,而是一种将观念联结在一起的能力,并且促进那些立即能给人以满意的联结,正如我们已经见到的那样,还要加上一种神经元和肌肉的组织。它使得各种复杂而精细的联结成为可能,并提供了观念的丰富内容。

拥有这些观念的能力显然有助于人类的生存,同时也使他蒙受无数的幻想和反常的行为之苦。春耕之际,在土壤上播下种子,并向谷物女神色列斯(Ceres)供上祭品,从总体说是一种有益的投机举动,尽管这一举动的有些部分是浪费的。用木棒和符咒来取火的能力,其价值不仅足以支持这些咒语,而且还支持了数百种其他无价值的东西。

人类在过去的年代里已经学会了真理和谬误的混合,学会了对成功的生活来讲贴切的事物和无关的事物的混合。所有各种联结都是由人类的心理形成的——在杀死一只鹿之前,我捡起的这块石头将在追逐中给我带来好运气,喝一头狮子的血将给你带来勇气,夜晚的空气让人们染上疟疾,实际上不是夜晚的空气而是蚊子给人们带来疟疾,"三"是一个吉利的数字,一个并不意味着任何东西的数字将会有用,太阳是一个男人,月亮是一个女人,世界并没有像我应该得到的那样来对待我,我们不该吃猪肉,我们应该吃维生素,女人应当服从她们的丈夫,妇女应该有选举权,我们完全可以用分数指数(fractional exponents)来表示数学上的根(roots),等等。

在这些联结中,有些联结被它们的作者所公开,有些则没有。在那些公开的联结中,有些被社会的大部分人所接受,有些则永存于信仰和风俗中。

在最近的一段时期里,科学和学术已经对这种真理和谬误、智慧和愚蠢的混合进行了研究,将真理从谬误中分离出去,并对真理予以大量的补充,以便人们只要愿意便可以学习。科学的方法是不偏不倚的,对于任何一个人的任何一种观念的即刻满

意不予重视。科学的方法需要通过预言来得到验证。科学的方法产生思考者,他们的心理(考虑到所牵涉的特定问题)是事实的储存——一些经过检验并证明正确的联结系统——而且适合于产生富有成果的观念。

科学的成果已经在物理学、化学和其他自然科学领域中为社会所普遍接受,在生物科学领域接受程度稍差些,在心理学和社会科学领域接受程度更差。总的说来,我们对下列可能性感到自豪,即今年出生的人比起以往任何一代人将会学到更多的真理,拥有的真理的百分比更高。

学习的演化将趋向学习更多的事物和更正确的事物,还将趋向(至少最近)更快和更愉快地学习相等难度的事物。最后的事实是,由于现在比50年前更广泛的选择学习者而对于观察来说显得模糊不清。我对这一情况的断言是根据偶然的而非直接的证据。然而,我相信,对目前的学校和过去的学校进行公正的比较观察将证实这一点。我们也可以相当可靠地从过去的教学手段中推论过去的方法。我在这里摘引了两个例子,一个来自我们祖父一辈的算术题,另一个来自著名的诺亚·韦伯斯特(Noah Webster)的拼音书。

例一:祖父一辈的算术题

第一课

1. 在这张图片上,有多少女孩在荡秋千?
2. 多少女孩在拉秋千?
3. 如果你把两个女孩放在一起数,她们有几个人?一个女孩加一个女孩是多少女孩?

4. 你在树桩上见到几只小猫？

5. 地上有几只小猫？

6. 图片里有几只小猫？一只小猫加另一只小猫等于几只猫？

7. 如果你问我秋千上有几个女孩，或者树桩上有几只小猫，我可以大声回答说"一个"；或者我能写"一"；或者写这样的"1"。

8. 如果我写"一"，这就叫做"'一'这个词"。

9. 这是"1"，称为"数字1"，因为它和单词"一"的意思是一样的，并代表"一"。

10. 写"1"。这个名称是什么？为什么？

11. 数字1可以代表一个女孩，一只小猫，或任何一件东西。

12. 当孩子们初次上学时，他们开始学习什么？

    答案：字母和单词。

13. 在你学会字母或单词以前你能读或写吗？

14. 如果我们把所有的字母合在一起，它们称为字母表。

15. 如果我们写单词或讲单词，它们便称为语言。

16. 你们正在开始学习算术；只有当你们能够学会算术字母表和算术语言时，你们才能用算术读和写。但是，为此目的，所需时间很少。

第二课

1. 如果我们讲单词或写单词，我们称呼它们什么？
   当它们结合在一起时，我们称呼它们什么？

2. 你正在开始学习什么？答案：算术。

3. 你现在必须学习什么语言？

4. 你对符号 1 称呼什么？为什么？

5. 这个数字 1 是算术语言的一部分。

6. 如果我写某样东西用来代表二——二个女孩，二只小猫，或二件任何种类的东西——你认为我们将称呼它什么？

7. 数字二是这样写的：2。代表数字二。

8. 为什么我们把这称为数字二？

9. 这个数字二(2)是算术语言的一部分。

10. 在这张图片中，一个男孩正坐着，吹着六孔竖笛。另一个男孩在干什么？如果那个站着的男孩在另一个男孩旁边坐下，那么一起坐着的有几个男孩？一个男孩加另一个男孩等于几个男孩？

11. 你看到一只六孔竖笛和一把小提琴。它们都是乐器。一个乐器加另一个乐器等于多少乐器？

12. 我将写：1＋1＝2。我们说一个男孩加另一个男孩，算下来是两个男孩；或者说等于两个男孩。我们现在将写一些东西说明第一个"1"和另一个"1"是一起算的。

13. 我们把这样画出的一条线"—"称为"一条水平线"。画出这样一条线。并称呼它。

14. 这样画出的一条线│我们称为"一条竖线"。画出这样一条线。并称呼它。

15. 现在我将把这样两条线合在一起；就成为十。我们把第一条（—）称为什么种类的线？我们把另一条（｜）称为什么？这些线是长还是短？它们在什么地方相互交叉？

16. 你们每个人都这样写一遍：—，｜，＋
17. 这个符号"＋"称为"加"号。"加"的意思是更多；而"＋"也意味着更多。
18. 我将写"一加一等于二"。
    1＋1＝2

例二：诺亚·韦伯斯特拼音书中的例子

ba	be	bi	bo	bu	by
ca	ce	ci	co	cu	cy
da	de	di	do	du	dy
fa	fe	fi	fo	fu	fy
ka	ke	ki	ko	ku	ky
ga	ge	gi	go	gu	gy
ha	he	hi	ho	hu	hy
ma	me	mi	mo	mu	my
na	ne	ni	no	nu	ny
ra	re	ri	ro	ru	ry
ta	te	ti	to	tu	ty
wa	we	wi	wo	wu	wy
la	le	li	lo	lu	ly
pa	pe	pi	po	pu	py
sa	se	si	so	su	sy

za	ze	zi	zo	zu	zy
ab	eb	ib	ob	ub	
ac	ec	ic	oc	uc	
ad	ed	id	od	ud	
af	ef	if	of	uf	
al	el	il	ol	ul	
ag	eg	ig	og	ug	
am	em	im	om	um	
an	en	in	on	un	
ap	ep	ip	op	up	
as	es	is	os	us	
av	ev	iv	ov	uv	
ax	ex	ix	ox	ux	
ak	ek	ik	ok	uk	
at	et	it	ot	ut	
ar	er	ir	or	ur	
az	ez	iz	oz	uz	
va	ve	vi	vo	vu	
bla	ble	bli	blo	blu	
cla	cle	cli	clo	clu	
pla	ple	pli	plo	plu	
fla	fle	fli	flo	flu	
bra	bre	bri	bro	bru	

cra	cre	cri	cro	cru	
pra	pre	pri	pro	pru	
gra	gre	gri	gro	gru	
pha	phe	phi	pho	phu	
cha	che	chi	cho	chu	chy
dra	dre	dri	dro	dru	dry
fra	fre	fri	fro	fru	fry
gla	gle	gli	glo	glu	gly
sla	sle	sli	slo	slu	sly
qua	que	qui	quo		
sha	she	shi	sho	shu	shy
spa	spe	spi	spo	spu	spy
sta	ste	sti	sto	stu	sty
sca	sce	sci	sco	scu	scy
tha	the	thi	tho	thu	thy
tra	tre	tri	tro	tru	try
spal	sple	spli	splo	splu	sply
spra	spre	spri	spro	spru	spry
stra	stre	stri	stro	stru	stry
swa	swe	swi	swo	swu	swy

智力和学习的未来演化已经由传奇作家作出预言，但是我认为，决非由心理学家作出预言。我试图在剩余的几分钟里放弃他们审慎的缄默，并描绘此后1000年或1万年的学习者和学

习。但是,仅仅用一般术语来陈述或然性(probabilities)和可能性将是比较安全的,而且总的来说是更具启发性的。

人类也许会学得更多;在人类所学的东西中大多数东西将是正确的和明智的;人类将学得更快和更加轻松,学习的分配将会得到更好的组织。

除了最后一个预言外,我无须详述这些预言。目前,由学校实行的学习分配主要是不加区别的。一种占据主导地位的想法是,让儿童尽可能学许多东西,而很少考虑谁学习什么内容。在以后的生活中,学习的分配是由于个人的选择,有些是在家庭、教学、图书馆或其他慈善机构指导下进行选择,有些(而且越来越增长)是在为利润而运作的商业性考虑的指导下进行选择。慈善力量的运作不大考虑人们真正的需要;而商业性考虑则经常诱使人们去刺激更基本的需要。

因此,目前存在着相当大的危险,即许多个体将学习他们既不喜爱也不能为共同利益所用的学习内容,有些个体将无法习得为使他们快乐和有用而所需的内容。由唯心主义者和改革家开展的有关人性的科学研究,以及为商业上的成功而制定的精细标准,将会产生更佳的学习分配。这是可以期望和相信的。

至于未来的学习者将属于什么类型,我们不知道。但是,在智力和性格方面,优生学的可能性也许是没有疑问的。像猫和狗以及郁金香和玫瑰花一样,人类个体因为原始的本性而有所区别。

人类个体的相互区别,如同基因决定智力和性格,以及基因决定高度、力量或面部外表一样是确定无疑的。智力显然不是一种或两种决定因素的结果,而是许多决定因素的结果。从而使得培养高级能力的任务或者通过培养过程淘汰白痴的任务变得十分复杂和艰巨。它要比获得或淘汰毛发的卷曲或者花朵的粉红色更加复杂和艰巨。但是,这是不可能的。我敢相信,一个孩子生来就具有白痴的缺陷将会像生来就有12个脚趾的孩子一样罕见。这样的时刻可能会来到。

如果有人认为智力选择将会使健康受损,或者失去心理平衡,或者道德沦丧,或者其他什么情况,那么我可以说这种危险是不存在的,或者说是容易避免的。通常,培养较好的智力也将意味着在其他方面更好地培养人。由于培养智力或培养性格而引起社会环境的恶化,这种危险性是微乎其微的。其后果更可能是一种社会环境的改善。一个民族如果变得更富有智慧,那么该民族就会为它自身构筑更好的环境。一个民族的基因越有利于智慧和公正,那么该民族就会创造更好的风俗和法律。

人类将会变得多么富有智慧尚无定论。但是如果人类真正需要改善其儿童的本性,像人类为自己和为其儿女改善其生活环境一样,那么可以肯定地期望,今后100代的人类所产生的人种其平均智力将会比今天的人更加接近于牛顿、巴斯德、格莱斯顿①和爱迪生(Edison)的智力。智力发展的上限既可能为超越人类控制的条件所确定,也可能不由其确定。但是人类的平均智力可以通过最简便的选择培养方式朝着这一上限移动。

关于优生学,我们尚有许多内容必须学习,但是即便是现在,我们也已具有充足的知识来促使我们把更高级和更纯净的智慧源泉提供给人类,而不是把过去的污泥浊水提供给人类。

---

① 格莱斯顿(Gladstone,1809—1898),英国自由党领袖,曾4次任首相。——译注

如果把改进学习内容的质量和学习的手段作为我们的任务的话,那么把改进人类天生的学习能力也算作我们的任务,便值得怀疑了。除了改善人类自身的本性外,不存在改进人类文明的确定方法。

伦理学和宗教必须教导人类追求未来的福利,正如人类在眼前解除跛子的痛苦一样;科学必须教导人类去控制他自己未来的本性,正如控制动物、植物和人类将不得不生活于其中的物质力量一样。人类的理性(由无数不合理事件培育而成,并被许多世代以前的鞭子驱赶到生活之中,而不考虑人类的高级需求)能够回过来了解人类的出生,测量人类的旅程,指示和拨正人类未来的航向,并使人类摆脱外部的障碍和内部的缺陷,这是一件高尚的事。直到人类自身的性质中最后一件可以移去的障碍物被彻底清除以后,人类的理性方才得以安静下来。